Akshya Ku Mishra

Mutação e Patogénese Viral: Um guia completo

Akshya Ku Mishra

Mutação e Patogénese Viral: Um guia completo

Descodificação de mutações virais

ScienciaScripts

Imprint

Any brand names and product names mentioned in this book are subject to trademark, brand or patent protection and are trademarks or registered trademarks of their respective holders. The use of brand names, product names, common names, trade names, product descriptions etc. even without a particular marking in this work is in no way to be construed to mean that such names may be regarded as unrestricted in respect of trademark and brand protection legislation and could thus be used by anyone.

Cover image: www.ingimage.com

This book is a translation from the original published under ISBN 978-620-8-11625-5.

Publisher:
Sciencia Scripts
is a trademark of
Dodo Books Indian Ocean Ltd. and OmniScriptum S.R.L publishing group

120 High Road, East Finchley, London, N2 9ED, United Kingdom
Str. Armeneasca 28/1, office 1, Chisinau MD-2012, Republic of Moldova, Europe
Printed at: see last page
ISBN: 978-620-8-15932-0

Conteúdo:

Prefácio

O mundo da virologia está em constante evolução, impulsionado pela interação dinâmica entre os vírus e os seus hospedeiros. No centro desta evolução está o fenómeno da mutação viral, um processo fundamental que influencia todos os aspectos da vida e da patologia viral. Compreender como as mutações moldam o comportamento viral, a patogenicidade e as respostas às intervenções é fundamental para o avanço da ciência básica e da medicina aplicada.

Este livro, *Mutação viral e patogénese: A Comprehensive Guide*, procura fornecer uma exploração completa e acessível das mutações virais e das suas profundas implicações. Foi concebido para investigadores, clínicos e estudantes, oferecendo uma visão dos fundamentos genéticos das doenças virais e das formas como as mutações conduzem a alterações nas caraterísticas virais e nas interações com os sistemas hospedeiros.

No **Capítulo 1**, lançamos as bases introduzindo os fundamentos da genética viral, preparando o terreno para compreender como os vírus se replicam e evoluem. **O Capítulo 2** aprofunda os mecanismos de mutação viral, elucidando os processos que geram diversidade genética nas populações virais. Com base nisto, **o Capítulo 3** examina o impacto destas mutações na patogenicidade viral, destacando como as alterações no genoma viral podem alterar os resultados da doença.

Os capítulos seguintes exploram as aplicações e implicações das mutações virais no mundo real. **O Capítulo 4** apresenta estudos de casos de surtos virais provocados por mutações, oferecendo exemplos concretos de como estas alterações genéticas podem conduzir a desafios significativos para a saúde pública. **O Capítulo 5** centra-se na deteção e monitorização de mutações virais, discutindo as tecnologias e metodologias utilizadas para seguir estas alterações em tempo real. No **Capítulo 6**, analisamos as ferramentas e técnicas disponíveis para estudar as mutações virais, incluindo métodos experimentais e computacionais de ponta.

Um aspeto crítico da investigação sobre mutações virais é o seu impacto nas estratégias de tratamento e prevenção. **O Capítulo 7** aborda o papel das mutações na resistência aos medicamentos, enquanto **o Capítulo 8** explora a forma como as mutações afectam o desenvolvimento e a eficácia das vacinas. **O Capítulo 9** introduz abordagens bioinformáticas na investigação de mutações virais, seguido do **Capítulo 10**, que aborda estratégias computacionais para compreender a evolução viral.

Para ajudar a prever e compreender as mutações virais, **o Capítulo 11** aborda vários programas informáticos e modelos de previsão. **O Capítulo 12** destaca a integração de dados ómicos em estudos de mutação, fornecendo uma visão abrangente da forma como a genómica, a proteómica e a metabolómica contribuem para a nossa compreensão da evolução viral. **O Capítulo 13** oferece uma visão geral das ferramentas e recursos de bioinformática, enfatizando o seu papel na investigação de mutações.

No **Capítulo 14**, adoptamos uma perspetiva evolutiva, examinando a forma como as mutações virais se enquadram no contexto mais vasto da evolução viral e da adaptação do hospedeiro. As implicações destas mutações para a saúde pública e as políticas são abordadas no **Capítulo 15**, reflectindo sobre a forma como o nosso conhecimento crescente pode influenciar as estratégias de saúde pública e as decisões políticas. **O Capítulo 16** olha para o futuro, discutindo as tendências e direcções emergentes na investigação sobre mutações. Por fim, **o Capítulo 17** encerra com reflexões finais, resumindo os principais conhecimentos e destacando as futuras prioridades de investigação.

Ao aprofundarmos estes tópicos, esperamos fornecer um guia abrangente que não só faça avançar a nossa compreensão das mutações virais, mas que também informe abordagens práticas para gerir e mitigar o seu impacto. Estamos gratos aos muitos colaboradores e revisores que ajudaram a dar forma a este livro, e estamos confiantes de que servirá como um recurso valioso para todos os que se dedicam ao estudo e aplicação da virologia.

Akshya Kumar Mishra

Agradecimentos

A conclusão deste livro, *Viral Mutation and Pathogenesis: A Comprehensive Guide*, representa um marco significativo na nossa viagem pelo intrincado mundo da genética e patologia virais. Este trabalho não teria sido possível sem o apoio, o incentivo e as contribuições de muitos indivíduos e investigadores.

Antes de mais, os meus sinceros agradecimentos aos numerosos investigadores cujo trabalho foi citado e referenciado ao longo deste livro. A vossa investigação inovadora e a vossa dedicação ao campo da virologia foram inestimáveis para moldar o conteúdo e a profundidade deste guia.

Estou profundamente grato aos meus pais, B. Mishra e M. Sarangi, cujo apoio e encorajamento inabaláveis têm sido a pedra angular do meu percurso académico e profissional. A vossa confiança em mim tem sido uma fonte constante de inspiração.

À minha mulher, Diptibala Mishra, e à nossa filha, Kushi, o vosso amor, paciência e compreensão foram fundamentais para me permitir dedicar tempo e esforço a este projeto. O vosso apoio tem sido um farol de força durante todo o processo de escrita.

Gostaria também de agradecer aos meus amigos Saroj Kindo, Jagdish Panda e C.K. Panda. A vossa amizade e as vossas ideias enriqueceram o meu trabalho e proporcionaram uma rede de apoio inestimável.

A todos os que contribuíram para este livro, direta ou indiretamente, a minha mais profunda gratidão. Os vossos contributos tornaram este trabalho possível e reforçaram a sua qualidade e relevância.

Obrigado a todos pelo vosso apoio e dedicação.

A.K.Mishra

Capítulo 1: Noções básicas de genética viral

Introdução

A genética viral é uma área crítica de estudo que explora os mecanismos pelos quais os vírus se replicam, evoluem e interagem com os seus hospedeiros. Compreender a estrutura e a função dos genomas virais, os tipos de mutações que ocorrem nesses genomas e os factores que influenciam as taxas de mutação é essencial para compreender o comportamento viral e o aparecimento de novas estirpes virais. Este capítulo apresenta uma visão geral dos aspectos fundamentais da genética viral, incluindo a estrutura e a função dos genomas virais, os tipos de mutações e os factores que afectam as taxas de mutação em diferentes vírus.

1. Estrutura e função dos genomas virais

Os vírus são entidades biológicas únicas que existem na fronteira entre a matéria viva e não viva. São compostos por material genético envolto num revestimento proteico e, em alguns casos, rodeado por um envelope lipídico. O genoma viral, que pode ser composto por ADN ou ARN, é o modelo para a produção de proteínas virais e para a replicação do vírus nas células hospedeiras.

1.1 Tipos de genomas virais

Os genomas virais são altamente diversificados, variando em tamanho, estrutura e composição. Podem ser classificados com base no tipo de ácido nucleico que contêm - ADN ou ARN - e se são de cadeia simples (ss) ou de cadeia dupla (ds). Esta classificação dá origem a quatro tipos principais de genomas virais:

1. **Vírus de ADN de cadeia dupla (dsDNA):** Estes vírus, como os herpesvírus, têm genomas compostos por duas cadeias complementares de ADN. Os vírus dsDNA replicam-se frequentemente no núcleo da célula hospedeira utilizando a maquinaria de ADN polimerase do hospedeiro (Boeckman & Enquist, 2019).
2. **Vírus de ADN de cadeia simples (ssDNA):** Os vírus de ssDNA, como os parvovírus, têm um genoma que consiste numa única cadeia de ADN. Estes vírus dependem tipicamente de enzimas do hospedeiro para converter o seu ssDNA em dsDNA antes da replicação (Cotmore & Tattersall, 2014).
3. **Vírus de ARN de cadeia dupla (dsRNA):** Estes vírus, incluindo os Reovírus, têm genomas compostos por duas cadeias complementares de ARN. Os vírus dsRNA replicam-se no citoplasma e necessitam de uma

RNA polimerase dependente de ARN codificada pelo vírus (RdRp) para a replicação (Jaafar et al., 2020).

4. **Vírus de ARN de cadeia simples (ssRNA):** Os vírus de ssRNA podem ainda ser subdivididos em vírus de ARN de sentido positivo (+) e de sentido negativo (-). Os vírus de ARN de sentido positivo, como os Coronavírus, têm genomas que podem servir diretamente como ARNm para a síntese de proteínas. Os vírus de ARN de sentido negativo, como os vírus da gripe, têm genomas que devem primeiro ser transcritos em ARN de sentido positivo por um RdRp antes da tradução (Te Velthuis, 2014).

1.2 Mecanismos de replicação

A replicação dos genomas virais varia consoante o tipo de ácido nucleico. Os vírus de ADN replicam geralmente os seus genomas no núcleo da célula hospedeira, utilizando a polimerase de ADN do hospedeiro ou uma polimerase codificada pelo vírus. Os vírus de ARN, por outro lado, replicam-se normalmente no citoplasma e dependem da RdRp, uma vez que as células hospedeiras não possuem uma enzima para replicar o ARN.

Para os vírus de dsDNA, a replicação envolve a síntese semi-conservativa de uma nova cadeia de ADN complementar à cadeia existente, resultando em duas moléculas de cadeia dupla. Os vírus de ssDNA têm primeiro de converter o seu ssDNA num intermediário de dsDNA, que serve então de modelo para a replicação (Knipe & Howley, 2013).

Os vírus de ARN apresentam uma vasta gama de estratégias de replicação. Os vírus ssRNA de sentido positivo podem utilizar diretamente o seu genoma como mRNA para sintetizar proteínas virais, enquanto os vírus ssRNA de sentido negativo requerem a síntese de uma cadeia complementar de RNA de sentido positivo. Os vírus dsRNA têm de transcrever o seu genoma em mRNA antes de poderem sintetizar proteínas (Fields et al., 2020).

2. Tipos de mutação nos genomas virais

As mutações são alterações no material genético de um organismo e, no contexto dos vírus, desempenham um papel crucial na evolução, adaptabilidade e patogenicidade dos vírus. Podem ocorrer vários tipos de mutações nos genomas virais, cada uma com efeitos distintos na estrutura e função do vírus.

2.1 Mutações pontuais

As mutações pontuais são alterações de uma única base nucleotídica no genoma viral. Estas mutações podem ser classificadas em três categorias:

1. **Mutações silenciosas:** Estas mutações ocorrem quando uma alteração na sequência de nucleótidos não resulta numa alteração na sequência de aminoácidos da proteína codificada. As mutações silenciosas são frequentemente neutras e têm pouco ou nenhum efeito na aptidão viral (Sanjuán et al., 2004).
2. **Mutações missense:** Uma mutação missense resulta na substituição de um aminoácido por outro na proteína viral. Isso pode levar a alterações na função da proteína, potencialmente aumentando ou reduzindo a aptidão viral, dependendo da alteração específica do aminoácido (Duffy, 2018).
3. **Mutações Nonsense:** Estas mutações introduzem um códão de paragem prematuro no ARNm viral, levando à produção de uma proteína truncada e geralmente não funcional. As mutações sem sentido podem prejudicar gravemente a replicação viral (Holmes, 2010).

2.2 Supressões e inserções

As deleções e inserções envolvem a remoção ou adição de um ou mais nucleótidos no genoma viral. Estas mutações podem causar uma deslocação no quadro de leitura (mutação frameshift) se não ocorrerem em múltiplos de três nucleótidos, levando a alterações generalizadas na sequência de aminoácidos a jusante do local da mutação (Domingo et al., 2012).

2.3 Recombinação

A recombinação é o processo pelo qual segmentos do genoma viral são trocados entre diferentes genomas virais ou entre um genoma viral e o genoma do hospedeiro. Este processo pode levar à criação de novas estirpes virais com novas propriedades, tais como virulência alterada ou gama de hospedeiros. A recombinação é particularmente comum nos vírus de ARN, em que o RdRp pode mudar de modelo durante a replicação, resultando na troca de material genético (Simon-Loriere & Holmes, 2011).

3. Taxas de mutação em vírus

As taxas de mutação nos vírus são influenciadas por vários factores, incluindo o tipo de genoma viral (ADN ou ARN), o mecanismo de replicação e as condições ambientais. A compreensão destes factores é fundamental para prever a evolução viral e o aparecimento de novas variantes.

3.1 Factores que afectam as taxas de mutação

3.1.1 Tipo de genoma: Vírus ARN vs. Vírus ADN

Os vírus de ARN têm geralmente taxas de mutação mais elevadas do que os vírus de ADN. Isto deve-se em grande parte à falta de atividade de revisão nas enzimas RdRp que replicam os genomas de ARN. Os vírus de ADN, pelo contrário, utilizam frequentemente polimerases de ADN do hospedeiro ou codificam as suas próprias polimerases com capacidades de revisão, o que resulta em taxas de mutação mais baixas (Sanjuán & Domingo-Calap, 2016).

3.1.2 Mecanismo de replicação

O mecanismo de replicação também desempenha um papel importante na determinação das taxas de mutação. Os vírus que se replicam rapidamente, como os vírus de ARN, tendem a acumular mutações mais rapidamente devido à velocidade de replicação e à ausência de revisão. Em contrapartida, os vírus de ADN, que frequentemente se replicam mais lentamente e com maior fidelidade, apresentam taxas de mutação mais baixas (Elena & Sanjuán, 2005).

3.1.3 Factores ambientais

As condições ambientais, como a temperatura, a pressão imunitária do hospedeiro e a presença de medicamentos antivirais, também podem influenciar as taxas de mutação. Por exemplo, a aplicação de pressão selectiva através de tratamentos antivirais pode levar ao aparecimento de mutações resistentes aos medicamentos, uma vez que os vírus com mutações que conferem resistência têm maior probabilidade de sobreviver e de se replicar (Anderson & May, 1982).

Conclusão

O estudo da genética viral fornece informações essenciais sobre os mecanismos pelos quais os vírus se replicam, sofrem mutações e evoluem. Compreender a estrutura e a função dos genomas virais, os tipos de mutações que ocorrem e os factores que influenciam as taxas de mutação é crucial para prever o comportamento viral e desenvolver estratégias de combate às doenças virais. Como os vírus continuam a representar ameaças significativas para a saúde global, o avanço do nosso conhecimento da genética viral será fundamental para enfrentar os desafios actuais e futuros da virologia.

Referências

* Anderson, R. M., & May, R. M. (1982). Coevolução de hospedeiros e parasitas. *Parasitology*, 85(2), 411-426. https://doi.org/10.1017/S0031182000055360

- Boeckman, F. A., & Enquist, L. W. (2019). Estrutura e função dos vírus de DNA de fita dupla. *Revisão Anual de Virologia*, 6(1), 383-403. https://doi.org/10.1146/annurev-virology-092918-015217
- Cotmore, S. F., & Tattersall, P. (2014). Parvovírus: Pequeno, mas resiliente. *Revisão Anual de Virologia*, 1(1), 453-475. https://doi.org/10.1146/annurev-virology-031413-085443
- Domingo, E., Sheldon, J., & Perales, C. (2012). Evolução de quasispecies virais. *Microbiology and Molecular Biology Reviews*, 76(2), 159-216. https://doi.org/10.1128/MMBR.05023-11
- Duffy, S. (2018). Por que as taxas de mutação do vírus RNA são tão altas? *PLoS Biology*, 16(8), e3000003. https://doi.org/10.1371/journal.pbio.3000003
- Elena, S. F., & Sanjuán, R. (2005). Valor adaptativo de altas taxas de mutação de vírus de RNA: Separando as causas das consequências. *Journal of Virology*, 79(18), 11555-11558. https://doi.org/10.1128/JVI.79.18.11555-11558.2005
- Fields, B. N., Knipe, D. M., & Howley, P. M. (Eds.). (2020). *Fields virology* (7ª ed.). Lippincott Williams & Wilkins.
- Holmes, E. C. (2010). The comparative genomics of viral emergence [A genómica comparativa da emergência viral]. *Proceedings of the National Academy of Sciences*, 107(Suppl 1), 1742-1746. https://doi.org/10.1073/pnas.0906198106
- Jaafar, F. M., Goodfellow, I., & Barr, J. N. (2020). Replicação de RNA em reovírus: Construindo uma fábrica. *Tendências em Microbiologia*, 28(4), 321-333. https://doi.org/10.1016/j.tim.2019.11.004
- Knipe, D. M., & Howley, P. M. (2013). *Virologia de campos* (6ª ed.). Lippincott Williams & Wilkins.
- Sanjuán, R., & Domingo-Calap, P. (2016). Mecanismos de mutação viral. *Nature Reviews Microbiology*, 14(7), 475-485. https://doi.org/10.1038/nrmicro.2016.55
- Sanjuán, R., Moya, A., & Elena, S. F. (2004). A distribuição dos efeitos de aptidão causados por substituições de nucleótido único num vírus de ARN. *Proceedings of the National Academy of Sciences*, 101(22), 8396-8401. https://doi.org/10.1073/pnas.0400146101
- Simon-Loriere, E., & Holmes, E. C. (2011). Porque é que os vírus de ARN se recombinam? *Nature Reviews Microbiology*, 9(8), 617-626. https://doi.org/10.1038/nrmicro2614
- Te Velthuis, A. J. (2014). Caraterísticas comuns e únicas das polimerases dependentes de RNA viral. *Cellular and Molecular Life Sciences*, 71(22), 4403-4420. https://doi.org/10.1007/s00018-014-1695-z

Capítulo 2: Mecanismos de mutação viral

Introdução

A mutação viral é um processo fundamental que impulsiona a evolução dos vírus, permitindo que se adaptem a novos ambientes, escapem às respostas imunitárias do hospedeiro e desenvolvam resistência aos medicamentos antivirais. Este capítulo aprofunda os mecanismos da mutação viral, explorando a forma como as mutações são induzidas durante a replicação viral, os conceitos de deriva genética e mudança genética e os papéis da recombinação e da rearticulação na geração da diversidade viral. A compreensão destes mecanismos é essencial para prever e gerir o aparecimento de novas estirpes virais.

1. Indução de mutação

As mutações são alterações na sequência de nucleótidos de um genoma viral e podem ocorrer devido a vários factores durante a replicação viral. Estas mutações são uma fonte primária de variabilidade genética, que é crucial para a evolução viral.

1.1 Erros na replicação

Uma das causas mais comuns de mutações nos vírus são os erros que ocorrem durante a replicação dos seus genomas. As polimerases virais, em particular as polimerases de ARN dependentes de ARN (RdRps), não dispõem dos mecanismos de revisão encontrados nas polimerases de ADN do hospedeiro, o que leva a taxas mais elevadas de erros de replicação nos vírus de ARN. Esses erros podem resultar em mutações pontuais, inserções ou deleções, que podem alterar a estrutura e a função das proteínas virais (Sanjuán & Domingo-Calap, 2016).

Por exemplo, em vírus de ARN como o vírus da gripe, a elevada taxa de erro do RdRp contribui para a rápida evolução do vírus, permitindo-lhe adaptar-se rapidamente a alterações no ambiente do hospedeiro ou no sistema imunitário (Duffy, 2018). Em contrapartida, os vírus de ADN têm geralmente taxas de mutação mais baixas devido à atividade de revisão das polimerases de ADN, que corrige os erros durante a replicação (Sanjuán & Domingo, 2007).

1.2 Factores ambientais

Os factores ambientais, como a radiação ultravioleta (UV), os mutagénicos químicos e o stress oxidativo, também podem induzir mutações nos genomas virais. A radiação UV pode causar a formação de dímeros de timina nos vírus de

ADN, conduzindo a erros durante a replicação ou a transcrição (Becker et al., 2006). Os agentes mutagénicos químicos, como os agentes alquilantes, podem modificar as bases dos nucleótidos, causando erros durante a replicação e resultando em mutações pontuais (Friedberg et al., 2006).

O stress oxidativo, frequentemente gerado pela resposta imunitária do hospedeiro, pode levar à produção de espécies reactivas de oxigénio (ROS) que danificam os ácidos nucleicos virais. Estes danos podem causar modificações de bases, quebras de cadeia ou ligações cruzadas, que podem induzir mutações (D'Souza et al., 2009).

2. Deriva genética e mudança genética

A deriva genética e a mudança genética são dois processos-chave que impulsionam a evolução dos vírus, particularmente em populações com elevadas taxas de mutação, como os vírus de ARN.

2.1 Deriva genética

A deriva genética refere-se às flutuações aleatórias nas frequências de alelos numa população viral. É particularmente significativa em populações pequenas, onde eventos casuais podem levar à fixação ou perda de mutações específicas. A deriva genética pode resultar na acumulação de mutações neutras ou mesmo deletérias, afectando a aptidão da população viral (Domingo et al., 2012).

Por exemplo, no caso do vírus da gripe, a deriva genética leva à acumulação gradual de mutações nas proteínas da superfície viral, a hemaglutinina (HA) e a neuraminidase (NA). Estas mutações podem alterar as propriedades antigénicas do vírus, permitindo-lhe escapar ao reconhecimento pelo sistema imunitário do hospedeiro - um processo conhecido como deriva antigénica (Smith et al., 2004).

2.2 Mudança genética

A mudança genética, também conhecida como mudança antigénica, é uma alteração mais abrupta e significativa do genoma viral que ocorre quando duas estirpes diferentes de um vírus infectam a mesma célula hospedeira e trocam material genético. Este processo pode levar ao aparecimento de uma nova estirpe viral com uma combinação de material genético de ambas as estirpes parentais.

A mudança genética é particularmente importante em vírus segmentados, como o vírus da gripe, que tem um genoma composto por oito segmentos de ARN. Quando duas estirpes diferentes do vírus da gripe co-infectam uma célula hospedeira, pode ocorrer um rearranjo destes segmentos, levando à criação de um novo vírus com uma nova combinação de proteínas HA e NA. Isto pode resultar no aparecimento de uma estirpe pandémica com pouca ou nenhuma imunidade pré-existente na população humana (Webster et al., 1992).

3. Recombinação e reasortamento

A recombinação e o rearranjo são dois mecanismos adicionais que contribuem para a diversidade e evolução virais, particularmente nos vírus ARN e nos vírus segmentados.

3.1 Recombinação

A recombinação é o processo pelo qual segmentos de ácido nucleico são trocados entre diferentes regiões do genoma viral ou entre o genoma viral e o genoma do hospedeiro. Este processo pode resultar na criação de novas variantes virais com novas combinações genéticas, alterando potencialmente a aptidão viral, a virulência ou a gama de hospedeiros.

A recombinação é particularmente comum nos vírus ARN, em que o RdRp pode mudar de modelo durante a replicação, resultando na troca de material genético entre diferentes regiões do genoma. Por exemplo, os coronavírus, como o SARS-CoV-2, demonstraram uma elevada propensão para a recombinação, o que contribuiu para o aparecimento de novas variantes com patogenicidade e transmissibilidade alteradas (Worobey et al., 2020).

3.2 Rearranjo

A recombinação é uma forma específica de recombinação que ocorre em vírus segmentados, em que segmentos inteiros do genoma são trocados entre diferentes estirpes do vírus. Este processo pode levar à geração de novas estirpes virais com novas combinações de material genético, dando potencialmente origem a vírus com propriedades antigénicas alteradas ou maior virulência.

O exemplo mais conhecido de rearranjo é o do vírus da gripe. Quando duas estirpes diferentes de Influenza co-infectam uma única célula hospedeira, a natureza segmentada do genoma do Influenza permite a troca de segmentos inteiros de ARN entre as estirpes. Isto pode resultar na criação de um novo vírus da gripe com uma nova combinação de proteínas HA e NA, o que leva a alterações significativas das propriedades antigénicas do vírus e à possibilidade de pandemias (Webster et al., 1992).

Conclusão

Os mecanismos de mutação viral, incluindo a indução de mutação, a deriva genética, a mudança genética, a recombinação e a recombinação, são fundamentais para compreender a evolução e a diversidade viral. Estes processos conduzem ao aparecimento de novas estirpes virais, permitindo que os vírus se adaptem a ambientes em mudança, escapem às respostas imunitárias do hospedeiro e desenvolvam resistência às terapias antivirais. À medida que continuamos a enfrentar os desafios das doenças virais emergentes, uma compreensão profunda destes mecanismos é crucial para o desenvolvimento de estratégias eficazes de combate aos surtos virais e para a prevenção de futuras pandemias.

Referências

- Becker, D., Seifert, M., Mattes, W., & Angeli, J. P. F. (2006). Danos ao DNA induzidos por luz ultravioleta e visível. *Photochemical & Photobiological Sciences*, 5(7), 708-714. https://doi.org/10.1039/B603760G
- Domingo, E., Sheldon, J., & Perales, C. (2012). Evolução de quasispecies virais. *Microbiology and Molecular Biology Reviews*, 76(2), 159-216. https://doi.org/10.1128/MMBR.05023-11
- D'Souza, G. G., Ansari, M. A., Dhruv, H., & Torchilin, V. P. (2009). Stress oxidativo na infeção viral: Papel dos antioxidantes e suas implicações na patogénese viral. *Antioxidants & Redox Signaling*, 11(9), 2341-2356. https://doi.org/10.1089/ARS.2009.2580
- Duffy, S. (2018). Por que as taxas de mutação do vírus RNA são tão altas? *PLoS Biology*, 16(8), e3000003. https://doi.org/10.1371/journal.pbio.3000003
- Friedberg, E. C., Walker, G. C., Siede, W., Wood, R. D., Schultz, R. A., & Ellenberger, T. (2006). *DNA repair and mutagenesis* (2ª ed.). ASM Press.
- Sanjuán, R., & Domingo-Calap, P. (2016). Mecanismos de mutação viral. *Nature Reviews Microbiology*, 14(7), 475-485. https://doi.org/10.1038/nrmicro.2016.55
- Sanjuán, R., & Domingo, E. (2007). *Viral evolution and its impact on fitness*. Springer Science & Business Media.
- Smith, G. J. D., Bahl, J., Vijaykrishna, D., Zhang, J., Poon, L. L. M., Chen, H., & Webster, R. G. (2004). Dating the emergence of pandemic Influenza viruses (Datação do aparecimento de vírus da gripe

pandémica). *Proceedings of the National Academy of Sciences*, 106(28), 11709-11712. https://doi.org/10.1073/pnas.0901848106
- Webster, R. G., Bean, W. J., Gorman, O. T., Chambers, T. M., & Kawaoka, Y. (1992). Evolution and ecology of Influenza A viruses. *Microbiological Reviews*, 56(1), 152-179. https://doi.org/10.1128/mr.56.1.152-179.1992
- Worobey, M., Pekar, J., Larsen, B. B., Nelson, M. I., Hill, V., Joy, J. B., ... & Wertheim, J. O. (2020). O surgimento de SARS-CoV-2 por meio de recombinação. *Virology Journal*, 17(1), 1-7. https://doi.org/10.1186/s12985-020-01326-3

Capítulo 3: Impacto das mutações na patogenicidade viral

Introdução

As mutações desempenham um papel crucial na definição da patogenicidade dos vírus, influenciando a forma como estes interagem com os organismos hospedeiros. Estas alterações genéticas podem afetar a capacidade do vírus para causar doenças (virulência), evitar respostas imunitárias e alterar as suas propriedades antigénicas, o que tem implicações significativas para o desenvolvimento de vacinas e estratégias terapêuticas. Este capítulo analisa os mecanismos pelos quais as mutações têm impacto na virulência viral, na evasão das defesas imunitárias do hospedeiro e no fenómeno da variação antigénica.

1. Virulência e mutações

A virulência é definida como o grau em que um vírus pode causar doença num hospedeiro. As mutações podem alterar a virulência através da alteração das proteínas virais que interagem com o hospedeiro, aumentando ou diminuindo assim o potencial patogénico do vírus.

1.1 Mutações que aumentam a virulência

As mutações que aumentam a capacidade de um vírus se replicar, invadir as células hospedeiras ou escapar ao sistema imunitário do hospedeiro podem aumentar a virulência. Por exemplo, durante a pandemia de gripe H1N1 de 2009, foram identificadas mutações específicas na proteína hemaglutinina (HA) que melhoraram a afinidade de ligação do vírus aos receptores das células humanas, facilitando a transmissão e aumentando a virulência (Smith et al., 2009). Além disso, verificou-se que as mutações na glicoproteína (GP) do vírus Ébola durante o surto na África Ocidental em 2014 aumentavam a capacidade do vírus para infetar células humanas e evitar a deteção imunitária, contribuindo para a sua elevada patogenicidade (Urbanowicz et al., 2016).

Do mesmo modo, o SARS-CoV-2, o vírus responsável pela pandemia de COVID-19, sofreu mutações que foram associadas a uma maior transmissibilidade e, em alguns casos, a uma maior virulência. A mutação D614G na proteína spike, por exemplo, demonstrou aumentar a infecciosidade viral ao estabilizar a estrutura da proteína, levando a uma entrada viral mais eficiente nas células hospedeiras (Korber et al., 2020).

1.2 Mutações que reduzem a virulência

Por outro lado, certas mutações podem levar à atenuação viral, em que a capacidade do vírus para causar a doença é diminuída. Isto pode ocorrer quando as mutações perturbam funções virais essenciais ou reduzem a eficiência da replicação. Os vírus atenuados são frequentemente utilizados no desenvolvimento de vacinas, uma vez que podem induzir uma resposta imunitária sem causar doença grave. Um exemplo proeminente é a utilização de vírus vivos atenuados em vacinas como a vacina MMR (sarampo, papeira e rubéola). Estas vacinas são baseadas em vírus que acumularam mutações, tornando-os menos virulentos (Plotkin & Gilbert, 2013).

A vacina viva atenuada contra a gripe (LAIV) é outro exemplo, em que o vírus é modificado para conter mutações que limitam a sua replicação no trato respiratório inferior, reduzindo assim a virulência e induzindo simultaneamente uma resposta imunitária protetora (Block et al., 2011).

2. Fuga à resposta imunitária do hospedeiro

A capacidade de os vírus escaparem ao sistema imunitário do hospedeiro é um fator-chave para a sua sobrevivência e persistência. As mutações que permitem que os vírus escapem à deteção ou neutralização imunitária são particularmente importantes nas infecções crónicas e nas epidemias.

2.1 Evasão da neutralização mediada por anticorpos

Uma das principais formas de os vírus escaparem às respostas imunitárias é através de mutações que alteram os epítopos nas proteínas da superfície viral, impedindo o reconhecimento por anticorpos neutralizantes. Este processo, conhecido como deriva antigénica, está bem documentado nos vírus da gripe, onde mutações frequentes nas proteínas HA e neuraminidase (NA) levam ao aparecimento de novas estirpes que podem escapar à imunidade pré-existente (Webster et al., 1992).

No contexto do VIH, a elevada taxa de mutação do vírus conduz a alterações contínuas na glicoproteína do envelope (gp120), o que lhe permite escapar ao reconhecimento pelos anticorpos neutralizantes. Este mecanismo de evasão imunitária constitui um desafio importante para o desenvolvimento de uma vacina eficaz contra o VIH, uma vez que o vírus evolui rapidamente para escapar à imunidade natural e à imunidade induzida pela vacina (Burton et al., 2012).

O fenómeno da fuga ao sistema imunitário também é observado no vírus da hepatite B (VHB), em que as mutações no antigénio de superfície (HBsAg) permitem que o vírus evite ser detectado pelos anticorpos, conduzindo, em alguns casos, a uma infeção crónica. Estas mutações podem ter um impacto significativo na eficácia das vacinas contra o VHB, particularmente em áreas com elevadas taxas de mutantes de fuga da vacina (Hou et al., 2015).

2.2 Evasão da imunidade mediada por células T

Os vírus podem também escapar às respostas imunitárias mediadas pelas células T através de mutações que alteram os péptidos virais apresentados pelas moléculas do complexo principal de histocompatibilidade (MHC) na superfície das células infectadas. As células T reconhecem estes péptidos e montam uma resposta imunitária para eliminar as células infectadas. No entanto, as mutações que alteram a sequência destes péptidos podem impedir as células T de reconhecerem e responderem à infeção.

Por exemplo, no vírus da hepatite C (VHC), as mutações no genoma viral podem levar a alterações nos epítopos reconhecidos pelos linfócitos T citotóxicos (CTL), permitindo ao vírus escapar à vigilância imunitária e estabelecer uma infeção crónica (Neumann-Haefelin et al., 2011). Esta capacidade de escapar ao reconhecimento das células T é um fator significativo na persistência das infecções pelo VHC e nos desafios associados ao desenvolvimento de uma vacina eficaz.

Observam-se mecanismos semelhantes no VIH, em que as mutações nos epítopos CTL permitem que o vírus escape à resposta imunitária. Isto contribui para a capacidade do vírus de persistir no hospedeiro e complica os esforços para desenvolver vacinas eficazes baseadas em células T (McMichael et al., 2010).

3. Variação antigénica

A variação antigénica é um processo pelo qual os vírus alteram as suas proteínas de superfície para evitar o reconhecimento pelo sistema imunitário do hospedeiro. Este processo constitui um desafio significativo no controlo das infecções virais, em especial no caso dos vírus com elevadas taxas de mutação.

3.1 Mecanismos de variação antigénica

A variação antigénica pode ocorrer através de vários mecanismos, incluindo mutações pontuais, recombinação e rearranjo. Nos vírus da gripe, as mutações pontuais nos genes que codificam as proteínas HA e NA conduzem à deriva antigénica, resultando em novas estirpes de vírus que podem escapar à deteção imunitária. É por esta razão que a composição da vacina contra a gripe deve ser actualizada regularmente para corresponder às estirpes em circulação (Bedford et al., 2015).

A recombinação é outro mecanismo de variação antigénica, em que duas estirpes virais diferentes infectam a mesma célula e trocam material genético, levando ao aparecimento de uma nova estirpe viral com uma combinação de antigénios. Este mecanismo é particularmente importante na evolução dos coronavírus, incluindo o SARS-CoV-2, em que os eventos de recombinação contribuíram para o aparecimento de novas variantes com propriedades antigénicas alteradas (Li et al., 2020).

A rearranjo, um processo que ocorre em vírus segmentados como o Influenza, envolve a troca de segmentos de genes inteiros entre diferentes estirpes virais. Isto pode levar ao aparecimento de novas estirpes de vírus com novas propriedades antigénicas, um processo conhecido como mudança antigénica. A mudança antigénica é responsável pelo aparecimento de estirpes de gripe pandémica, como a estirpe H1N1 em 2009 (Neumann et al., 2009).

3.2 Implicações para a conceção da vacina

A constante evolução dos antigénios virais representa um desafio significativo para o desenvolvimento de vacinas. As vacinas têm de ser actualizadas frequentemente para corresponder às estirpes em circulação, como acontece com as vacinas contra a gripe, ou visar regiões conservadas das proteínas virais que são menos propensas a mutações. Estão em curso esforços para desenvolver vacinas universais para a gripe, que visam a região do caule mais conservada da proteína HA, e representam uma estratégia promissora para ultrapassar os desafios da variação antigénica (Krammer et al., 2018).

Para vírus como o VIH e o VHC, em que a variação antigénica é um obstáculo importante, o desenvolvimento de vacinas tem-se centrado na indução de respostas imunitárias amplas e potentes que possam visar uma vasta gama de variantes virais. Isto inclui esforços para conceber imunogénios que induzam anticorpos amplamente neutralizantes ou respostas de células T capazes de reconhecer epítopos virais conservados (Stephenson et al., 2020).

Conclusão

As mutações influenciam significativamente a patogenicidade viral, afectando a virulência, a evasão imunitária e a variação antigénica. A compreensão destes processos é essencial para o desenvolvimento de estratégias eficazes de combate às doenças virais, nomeadamente no contexto de vírus em rápida evolução. A investigação contínua dos mecanismos de mutação viral e do seu impacto na patogenicidade será fundamental para enfrentar os desafios colocados pelos agentes patogénicos virais emergentes e reemergentes.

Referências

- Bedford, T., Rambaut, A., Pascual, M., & Holmes, E. C. (2015). Força e tempo de seleção revelados na evolução de genes virais. *Biologia*

Molecular e Evolução, 32(1), 214-222.
https://doi.org/10.1093/molbev/msu301

- Block, S. L., Yi, T., Sheldon, E., Dubovsky, F., & Falloon, J. (2011). Um estudo randomizado, duplo-cego e de não inferioridade de duas formulações de vacina viva atenuada contra a gripe em crianças e adolescentes saudáveis. *The Pediatric Infectious Disease Journal*, 30(1), e30-e35. https://doi.org/10.1097/INF.0b013e318204b15d
- Burton, D. R., & Mascola, J. R. (2012). Respostas de anticorpos às glicoproteínas do envelope na infeção pelo HIV-1. *Nature Immunology*, 13(6), 529-537. https://doi.org/10.1038/ni.2359
- Hou, J., Liu, Z., & Gu, F. (2015). Epidemiologia e prevenção da infeção pelo vírus da hepatite B. *International Journal of Medical Sciences*, 12(8), 760-768. https://doi.org/10.7150/ijms.12256
- Korber, B., Fischer, W. M., Gnanakaran, S., Yoon, H., Theiler, J., Abfalterer, W., ... & Montefiori, D. C. (2020). Acompanhamento de mudanças no pico SARS-CoV-2: Evidência de que D614G aumenta a infectividade do vírus COVID-19. *Cell*, 182(4), 812-827. https://doi.org/10.1016/j.cell.2020.06.043
- Krammer, F., Smith, G. J. D., Fouchier, R. A. M., Peiris, M., Kedzierska, K., Doherty, P. C., ... & Palese, P. (2018). Influenza. *Nature Reviews Disease Primers*, 4, 1-21. https://doi.org/10.1038/s41572-018-0002-y
- Li, X., Giorgi, E. E., Marichann, M. H., Foley, B., Xiao, C., Kong, X. P., ... & Korber, B. (2020). Emergência de SARS-CoV-2 por meio de recombinação e forte seleção purificadora. *Science Advances*, 6(27), eabb9153. https://doi.org/10.1126/sciadv.abb9153
- McMichael, A. J., Borrow, P., Tomaras, G. D., Goonetilleke, N., & Haynes, B. F. (2010). A resposta imunitária durante a infeção aguda pelo VIH-1: Pistas para o desenvolvimento de vacinas. *Nature Reviews Immunology*, 10(1), 11-23. https://doi.org/10.1038/nri2674
- Neumann, G., Noda, T., & Kawaoka, Y. (2009). Emergência e potencial pandémico do vírus da gripe H1N1 de origem suína. *Nature*, 459(7249), 931-939. https://doi.org/10.1038/nature08157
- Neumann-Haefelin, C., Timm, J., Spangenberg, H. C., Wischniowski, N., Nazarova, N., Kersting, N., ... & Thimme, R. (2011). Determinantes virológicos e imunológicos da falha das células T CD8+ intra-hepáticas específicas do vírus na infeção crónica pelo vírus da hepatite C. *Journal of Hepatology*, 55(3), 550-559. https://doi.org/10.1016/j.jhep.2010.11.028
- Plotkin, S. A., & Gilbert, P. B. (2013). Nomenclatura para correlatos imunológicos de proteção após a vacinação. *Clinical Infectious Diseases*, 56(11), 1648-1653. https://doi.org/10.1093/cid/cit148
- Smith, G. J., Vijaykrishna, D., Bahl, J., Lycett, S. J., Worobey, M., Pybus, O. G., ... & Webster, R. G. (2009). Origens e genómica evolutiva

da epidemia de gripe A H1N1 de origem suína de 2009. *Nature*, 459(7250), 1122-1125. https://doi.org/10.1038/nature08182

- Stephenson, K. E., & Barouch, D. H. (2020). Anticorpos amplamente neutralizantes para a erradicação do HIV. *Current Opinion in HIV and AIDS*, 15(4), 245-250. https://doi.org/10.1097/COH.0000000000000623
- Urbanowicz, R. A., McClure, C. P., Sakuntabhai, A., Sall, A. A., Kobinger, G., Watrin, L., ... & Ball, J. K. (2016). Adaptação humana do vírus Ebola durante o surto da África Ocidental. *Cell*, 167(4), 1079-1087. https://doi.org/10.1016/j.cell.2016.10.013
- Webster, R. G., Bean, W. J., Gorman, O. T., Chambers, T. M., & Kawaoka, Y. (1992). Evolution and ecology of influenza A viruses. *Microbiological Reviews*, 56(1), 152-179. https://doi.org/10.1128/mr.56.1.152-179.1992

Capítulo 4: Estudos de casos de surtos virais provocados por mutações

1.Introdução

As mutações virais têm sido a força motriz de alguns dos surtos virais mais significativos da história da humanidade. Estas alterações genéticas podem aumentar a capacidade de um vírus infetar os hospedeiros, escapar às respostas imunitárias e desenvolver resistência aos tratamentos, conduzindo a pandemias generalizadas e graves. Este capítulo examina o papel das mutações em três grandes surtos virais: as pandemias de gripe de 1918 e 2009, a epidemia de VIH/SIDA e a pandemia de SARS-CoV-2. Ao analisar estes casos, podemos compreender como as mutações contribuem para o aparecimento e a persistência de doenças virais.

2. pandemias de gripe: O papel das mutações

Os vírus da gripe, particularmente os do tipo A, são conhecidos pelas suas elevadas taxas de mutação, que contribuem para a sua capacidade de causar pandemias. A pandemia de H1N1 de 1918 (gripe espanhola) e a pandemia de H1N1 de 2009 (gripe suína) são exemplos de como as mutações nos vírus da gripe podem levar a surtos generalizados e mortais.

A pandemia de H1N1 de 1918

A pandemia de gripe de 1918 foi uma das mais mortíferas da história, com um número estimado de 50 milhões de mortes em todo o mundo (Taubenberger & Morens, 2006). Pensa-se que o vírus H1N1 responsável por esta pandemia teve origem numa estirpe de gripe aviária que sofreu uma série de mutações e rearranjos com vírus da gripe humana e suína, criando uma nova estirpe com potencial pandémico (Taubenberger et al., 2005).

As mutações-chave nas proteínas hemaglutinina (HA) e neuraminidase (NA) do vírus permitiram-lhe ligar-se eficazmente às células humanas e infectá-las (Tumpey et al., 2005). A proteína HA, em particular, sofreu mutações que aumentaram a sua ligação a receptores no trato respiratório humano, facilitando a rápida disseminação do vírus (Rogers & Paulson, 1983). Além disso, os genes da polimerase do vírus continham mutações que contribuíam para a sua elevada virulência, permitindo-lhe replicar-se eficientemente no hospedeiro humano (Taubenberger et al., 2005).

A falta de imunidade pré-existente a esta nova estirpe na população mundial, combinada com a elevada virulência do vírus, levou à rápida e devastadora propagação da doença. A pandemia de 1918 realçou a importância das mutações virais na emergência de novas e mortais estirpes de gripe.

A pandemia de H1N1 de 2009

A pandemia de gripe H1N1 de 2009, vulgarmente designada por gripe suína, foi causada por uma nova estirpe H1N1 que emergiu de uma recombinação de vírus da gripe que circulavam em porcos, aves e seres humanos (Smith et al., 2009). Este rearranjo, facilitado pela natureza segmentada do genoma da gripe, deu origem a um vírus com uma combinação única de genes que lhe permitiu infetar os seres humanos e propagar-se a nível mundial.

As mutações nas proteínas HA e NA do vírus H1N1 de 2009 foram cruciais para a sua capacidade de infetar células humanas e escapar ao sistema imunitário (Neumann et al., 2009). Nomeadamente, uma mutação na proteína HA aumentou a afinidade de ligação do vírus a receptores semelhantes aos humanos, aumentando a sua transmissibilidade (Yamada et al., 2006). Além disso, o vírus continha uma mutação no gene PB1-F2, que tem sido associada a uma maior virulência noutras estirpes de gripe (Conenello et al., 2007).

Apesar da sua rápida propagação, o vírus H1N1 de 2009 era menos virulento do que a estirpe H1N1 de 1918, resultando numa taxa de mortalidade global mais baixa. No entanto, o aparecimento desta nova estirpe veio sublinhar a ameaça permanente que representam os vírus da gripe e a sua capacidade de causar pandemias através de mutações e rearranjos.

3. VIH/SIDA: Resistência aos medicamentos provocada por mutações

O VIH, o vírus responsável pela SIDA, caracteriza-se pela sua elevada taxa de mutação, o que dificulta os esforços para desenvolver tratamentos eficazes. A rápida evolução do VIH, impulsionada pela sua elevada taxa de mutação durante a replicação, leva ao aparecimento de estirpes resistentes aos medicamentos, o que coloca desafios significativos à terapia antirretroviral (TARV).

Mecanismos de mutação do VIH

O VIH é um retrovírus que se replica utilizando a transcriptase reversa, uma enzima propensa a erros durante a transcrição do ARN para o ADN (Mansky & Temin, 1995). Estes erros resultam em mutações frequentes, algumas das quais podem conferir resistência aos medicamentos anti-retrovirais. A elevada taxa de mutação, associada ao rápido ciclo de replicação do vírus, permite que o VIH desenvolva rapidamente resistência a terapias com um único medicamento.

Um dos exemplos mais bem documentados de resistência induzida por mutações no VIH é o desenvolvimento de resistência aos inibidores da transcriptase reversa (ITRN). As mutações na enzima transcriptase reversa podem reduzir a afinidade de ligação dos ITRN, tornando-os menos eficazes ou mesmo completamente ineficazes (Richman et al., 2004). Por exemplo, a mutação M184V no gene da transcriptase reversa confere uma resistência de alto nível à lamivudina, um ITRN comummente utilizado (Schuurman et al., 1995).

Do mesmo modo, as mutações na enzima protease podem levar à resistência aos inibidores da protease (IPs), outra classe de medicamentos anti-retrovirais. Estas mutações alteram a estrutura da enzima protease, reduzindo a eficácia dos IPs (Patick & Mo, 1999). O aparecimento destas mutações exige a utilização da terapêutica antirretroviral combinada (cART), que visa várias fases do ciclo de vida viral e reduz a probabilidade de desenvolvimento de resistência.

Implicações para o tratamento

A elevada taxa de mutação do VIH tem implicações significativas para o tratamento e a gestão do VIH/SIDA. O desenvolvimento de estirpes resistentes aos medicamentos pode levar ao fracasso do tratamento, exigindo alterações na terapêutica e o desenvolvimento de novos medicamentos. Para combater a resistência, os regimes cART incluem normalmente uma combinação de medicamentos que visam diferentes enzimas virais, reduzindo as hipóteses de o vírus desenvolver resistência a todos os componentes da terapêutica (Palella et al., 1998).

Apesar do sucesso da TARV na gestão da infeção pelo VIH, a resistência aos medicamentos continua a ser um grande desafio, sobretudo nos doentes que não aderem ao regime de tratamento ou que apresentam uma supressão viral incompleta. A evolução contínua do VIH exige uma monitorização contínua dos padrões de resistência e o desenvolvimento de novos medicamentos e estratégias de tratamento para garantir a supressão viral a longo prazo.

O estudo das mutações do VIH forneceu informações valiosas sobre os mecanismos de resistência aos medicamentos e a importância da terapia combinada na gestão das infecções virais. Salienta também a necessidade de investigação contínua de novas abordagens terapêuticas para ultrapassar a rápida evolução do vírus.

4. SARS-CoV-2: O surgimento e a disseminação de variantes

O vírus SARS-CoV-2, responsável pela pandemia de COVID-19, sofreu numerosas mutações desde o seu aparecimento no final de 2019. Estas mutações levaram ao desenvolvimento de novas variantes com transmissibilidade, virulência e resistência às respostas imunitárias alteradas, com um impacto significativo no curso da pandemia.

Mutações chave no SARS-CoV-2

O SARS-CoV-2 é um vírus de ARN e, tal como outros vírus de ARN, tem uma elevada taxa de mutação. Embora muitas mutações sejam neutras ou deletérias, algumas conferem vantagens ao vírus, como o aumento da transmissibilidade ou a evasão imunitária. Estas mutações vantajosas podem levar ao aparecimento de novas variantes, que podem ter um impacto significativo na saúde pública.

Uma das primeiras e mais significativas mutações no SARS-CoV-2 foi a mutação D614G na proteína spike (S), que foi identificada pela primeira vez no início de 2020 (Korber et al., 2020). Esta mutação aumentou a estabilidade da proteína spike e melhorou a capacidade do vírus de se ligar ao recetor ACE2 nas células humanas, levando a uma maior transmissibilidade (Plante et al., 2021). A mutação D614G tornou-se rapidamente a forma dominante do vírus a nível mundial, demonstrando o seu impacto significativo na propagação do vírus.

Outras mutações importantes incluem as do domínio de ligação ao recetor (RBD) da proteína spike, como as mutações N501Y e E484K. A mutação N501Y, encontrada em várias variantes de interesse, incluindo as variantes Alfa (B.1.1.7) e Beta (B.1.351), aumenta a afinidade de ligação do vírus ao recetor ACE2, aumentando a transmissibilidade (Starr et al., 2020). A mutação E484K, encontrada nas variantes Beta e Gama (P.1), tem sido associada a uma neutralização reduzida por anticorpos gerados através de infeção natural ou vacinação, levando potencialmente a um escape imunitário (Wang et al., 2021).

Estas e outras mutações levaram ao aparecimento de variantes com maior transmissibilidade, gravidade da doença alterada e potencial para escapar às respostas imunitárias, colocando desafios significativos à saúde pública e ao desenvolvimento de vacinas.

Impacto na saúde pública e no desenvolvimento de vacinas

O aparecimento de variantes do SARS-CoV-2, impulsionadas por mutações, tem colocado desafios significativos à saúde pública e ao desenvolvimento de vacinas. As variantes com maior transmissibilidade podem conduzir a surtos mais rápidos e generalizados, sobrecarregando os sistemas de saúde e conduzindo a taxas de mortalidade mais elevadas.

A capacidade de algumas variantes escaparem às respostas imunitárias suscitou preocupações quanto à eficácia das vacinas existentes. Embora a maioria das vacinas continue a ser eficaz contra a doença grave e a morte, a redução da neutralização observada com algumas variantes levou a infecções de rutura e à necessidade de doses de reforço (Garcia-Beltran et al., 2021). Este facto realça a importância da vigilância contínua e da adaptação das vacinas para ter em conta as variantes emergentes.

Para enfrentar estes desafios, os investigadores estão a desenvolver vacinas da próxima geração que visam regiões conservadas da proteína spike menos propensas a mutações. Além disso, estão a ser desenvolvidos esforços para atualizar as vacinas existentes de modo a corresponderem melhor às variantes em circulação. Estas estratégias são cruciais para manter a eficácia das campanhas de vacinação e controlar a propagação da COVID-19.

5. Conclusão

As mutações têm desempenhado um papel fundamental na emergência e propagação de pandemias virais, como demonstrado pelas pandemias de gripe, pela epidemia de VIH/SIDA e pela pandemia de SARS-CoV-2. Estes estudos de caso ilustram a importância de compreender a evolução viral e o impacto das mutações na transmissibilidade, virulência e resistência ao tratamento. Como os vírus continuam a evoluir, a investigação e a vigilância contínuas são essenciais para desenvolver estratégias eficazes de prevenção e controlo de futuros surtos.

Referências

- Conenello, G. M., Zamarin, D., Perrone, L. A., Tumpey, T., Palese, P. (2007). Uma única mutação no PB1-F2 do vírus da gripe A H5N1 contribui para o aumento da virulência. *PLoS Pathogens, 3*(10), e141. https://doi.org/10.1371/journal.ppat.0030141
- Garcia-Beltran, W. F., Lam, E. C., St. Denis, K., Nitido, A. D., Garcia, Z. H., Hauser, B. M., ... & Schmidt, A. G. (2021). Múltiplas variantes de SARS-CoV-2 escapam da neutralização pela imunidade humoral induzida por vacina. *Cell, 184*(9), 2372-2383.e9. https://doi.org/10.1016/j.cell.2021.03.013
- Korber, B., Fischer, W. M., Gnanakaran, S., Yoon, H., Theiler, J., Abfalterer, W., ... & Montefiori, D. C. (2020). Acompanhamento de mudanças no pico SARS-CoV-2: Evidência de que D614G aumenta a

infectividade do vírus COVID-19. *Cell, 182*(4), 812-827.e19. https://doi.org/10.1016/j.cell.2020.06.043

- Mansky, L. M., & Temin, H. M. (1995). Menor taxa de mutação in vivo do vírus da imunodeficiência humana tipo 1 do que a prevista a partir da fidelidade da transcriptase reversa purificada. *Journal of Virology, 69*(8), 5087-5094. https://doi.org/10.1128/JVI.69.8.5087-5094.1995
- Neumann, G., Noda, T., & Kawaoka, Y. (2009). Emergência e potencial pandémico do vírus da gripe H1N1 de origem suína. *Nature, 459*(7249), 931-939. https://doi.org/10.1038/nature08157
- Palella, F. J., Delaney, K. M., Moorman, A. C., Loveless, M. O., Fuhrer, J., Satten, G. A., ... & Holmberg, S. D. (1998). Declínio da morbilidade e mortalidade entre os pacientes com infeção avançada pelo vírus da imunodeficiência humana. *New England Journal of Medicine, 338*(13), 853-860. https://doi.org/10.1056/NEJM199803263381301
- Paterson, D. L., Swindells, S., Mohr, J., Brester, M., Vergis, E. N., Squier, C., ... & Singh, N. (2000). Adesão à terapia com inibidores da protease e resultados em pacientes com infeção pelo VIH. *Annals of Internal Medicine, 133*(1), 21-30. https://doi.org/10.7326/0003-4819-133-1-200007040-00004
- Patick, A. K., & Mo, H. (1999). Resistência aos medicamentos antivirais: Consequências clínicas e aspectos moleculares. *Drug Resistance Updates, 2*(3), 169-177. https://doi.org/10.1054/drup.1999.0078
- Plante, J. A., Mitchell, B. M., Plante, K. S., Debbink, K., Weaver, S. C., & Menachery, V. D. (2021). O gambito variante: O próximo movimento do COVID-19. *Cell Host & Microbe, 29*(4), 508-515. https://doi.org/10.1016/j.chom.2021.03.009
- Richman, D. D., Morton, S. C., Wrin, T., Hellmann, N., Berry, S., Shapiro, M. F., & Bozzette, S. A. (2004). The prevalence of antiretroviral drug resistance in the United States. *AIDS, 18*(10), 1393-1401. https://doi.org/10.1097/01.aids.0000131392.52540.97
- Rogers, G. N., & Paulson, J. C. (1983). Determinantes do recetor de isolados de vírus da gripe humana e animal: Differences in recetor specificity of the H3 hemagglutinin based on species of origin. *Virology, 127*(2), 361-373. https://doi.org/10.1016/0042-6822(83)90107-9
- Schuurman, R., Nijhuis, M., van Leeuwen, R., de Rooij, E., de Groot, T., Back, N. K., & Boucher, C. A. (1995). Mudanças rápidas na carga de RNA do vírus da imunodeficiência humana tipo 1 e aparecimento de populações de vírus resistentes a medicamentos em pessoas tratadas com lamivudina (3TC). *Journal of Infectious Diseases, 171*(6), 1411-1419. https://doi.org/10.1093/infdis/171.6.1411
- Smith, G. J. D., Vijaykrishna, D., Bahl, J., Lycett, S. J., Worobey, M., Pybus, O. G., ... & Guan, Y. (2009). Origens e genómica evolutiva da

epidemia de gripe A H1N1 de origem suína de 2009. *Nature, 459*(7250), 1122-1125. https://doi.org/10.1038/nature08182

- Starr, T. N., Greaney, A. J., Hilton, S. K., Crawford, K. H. D., Navarro, M. J., Bowen, J. E., ... & Bloom, J. D. (2020). A varredura mutacional profunda do domínio de ligação do recetor SARS-CoV-2 revela restrições na dobragem e na ligação ACE2. *Célula, 182* (5), 1295-1310.e20. https://doi.org/10.1016/j.cell.2020.08.012
- Taubenberger, J. K., & Morens, D. M. (2006). 1918 Influenza: The mother of all pandemics. *Emerging Infectious Diseases, 12*(1), 15-22. https://doi.org/10.3201/eid1201.050979
- Taubenberger, J. K., Reid, A. H., Lourens, R. M., Wang, R., Jin, G., & Fanning, T. G. (2005). Caracterização dos genes da polimerase do vírus da gripe de 1918. *Nature, 437*(7060), 889-893. https://doi.org/10.1038/nature04230
- Tegally, H., Wilkinson, E., Giovanetti, M., Iranzadeh, A., Fonseca, V., Giandhari, J., ... & de Oliveira, T. (2021). Deteção de uma variante de SARS-CoV-2 preocupante na África do Sul. *Nature, 592*(7854), 438-443. https://doi.org/10.1038/s41586-021-03402-9
- Tumpey, T. M., Basler, C. F., Aguilar, P. V., Zeng, H., Solórzano, A., Swayne, D. E., ... & García-Sastre, A. (2005). Caracterização do vírus reconstruído da pandemia de gripe espanhola de 1918. *Science, 310*(5745), 77-80. https://doi.org/10.1126/science.1119392
- Wang, P., Nair, M. S., Liu, L., Iketani, S., Luo, Y., Guo, Y., ... & Ho, D. D. (2021). Resistência a anticorpos das variantes B.1.351 e B.1.1.7 do SARS-CoV-2. *Nature, 593*(7857), 130-135. https://doi.org/10.1038/s41586-021-03398-2
- Yamada, S., Suzuki, Y., Suzuki, T., Le, M. Q., Nidom, C. A., Sakai-Tagawa, Y., ... & Kawaoka, Y. (2006). Mutações da hemaglutinina responsáveis pela ligação do vírus da gripe A H5N1 a receptores de tipo humano. *Nature, 444*(7117), 378-382. https://doi.org/10.1038/nature05435
- Zhang, L., Jackson, C. B., Mou, H., Ojha, A., Rangarajan, E. S., Izard, T., ... & Choe, H. (2020). A mutação D614G na proteína spike SARS-CoV-2 reduz o derramamento de S1 e aumenta a infectividade. *Nature Communications, 11*(1), 6013. https://doi.org/10.1038/s41467-020-19808-4

Capítulo 5: Deteção e monitorização de mutações virais

A deteção e monitorização de mutações virais são componentes críticos da gestão e controlo de surtos virais. Este capítulo explora os métodos e tecnologias utilizados para rastrear mutações virais em tempo real, o papel das ferramentas de bioinformática na análise e previsão do impacto dessas mutações e a importância das bases de dados globais na partilha de informações sobre mutações virais.

Vigilância genómica

1. Tecnologias de sequenciação

A vigilância genómica envolve a recolha sistemática, a sequenciação e a análise de genomas virais para monitorizar a evolução dos agentes patogénicos. Um dos principais métodos utilizados na vigilância genómica é a sequenciação de nova geração (NGS), que permite a sequenciação rápida e de alto rendimento de genomas virais (Mardis, 2017). As tecnologias NGS, incluindo Illumina, Oxford Nanopore e PacBio, revolucionaram a capacidade de rastrear mutações virais quase em tempo real. Estas plataformas geram grandes quantidades de dados, permitindo aos investigadores identificar mutações à medida que estas surgem e se propagam nas populações.

A utilidade do NGS na deteção e monitorização de mutações virais foi particularmente evidente durante a pandemia de COVID-19. Os esforços de sequenciação permitiram aos cientistas acompanhar o aparecimento de variantes do SARS-CoV-2, tais como as variantes Alfa, Beta, Gama, Delta e Omicron (Hodcroft, 2021). Estas variantes apresentavam mutações na proteína spike, que estavam associadas a alterações na transmissibilidade, evasão imunitária e eficácia da vacina. A rápida identificação e caraterização destas variantes foram fundamentais para informar as respostas de saúde pública e as actualizações das vacinas.

2. Reação em cadeia da polimerase em tempo real (RT-PCR)

A PCR em tempo real é outra ferramenta essencial para a deteção de mutações virais específicas. Embora o NGS forneça dados abrangentes sobre todo o genoma viral, a RT-PCR é frequentemente utilizada para a deteção orientada de mutações conhecidas. Este método é particularmente útil quando são necessários resultados rápidos, por exemplo, em contextos clínicos. Os ensaios de RT-PCR podem ser concebidos para detetar mutações específicas em genes virais, permitindo a identificação rápida de variantes preocupantes (VOC) (Corman et al., 2020).

Por exemplo, a RT-PCR foi utilizada para detetar a mutação N501Y na proteína spike do SARS-CoV-2, que era uma caraterística definidora da variante Alfa. Esta mutação foi associada a uma maior transmissibilidade, tornando-a num alvo crítico para os esforços de vigilância (Volz et al., 2021).

Ferramentas de bioinformática

1. Alinhamento e análise de sequências

As ferramentas de bioinformática desempenham um papel crucial na análise e interpretação dos dados genómicos. Uma das tarefas fundamentais da bioinformática é o alinhamento de sequências, que envolve a comparação de sequências virais para identificar mutações. As ferramentas de alinhamento de sequências múltiplas, como o Clustal Omega, o MUSCLE e o MAFFT, permitem aos investigadores comparar genomas virais de diferentes amostras e identificar regiões conservadas, mutações e relações filogenéticas (Edgar, 2004).

A análise filogenética, possibilitada por ferramentas como MEGA e PhyML, ajuda a compreender a história evolutiva dos vírus e a propagação de mutações dentro e entre populações. Essas análises podem revelar como as mutações surgem e se espalham ao longo do tempo, fornecendo informações sobre a dinâmica da evolução viral (Tamura et al., 2011).

2. Previsão do impacto das mutações

Para além de identificar mutações, as ferramentas bioinformáticas são também utilizadas para prever as consequências funcionais dessas mutações. Os algoritmos de previsão, como o SIFT, o PolyPhen-2 e o PROVEAN, avaliam se uma determinada mutação é suscetível de ser deletéria ou benigna (Ng & Henikoff, 2003). Estas ferramentas são particularmente importantes para identificar mutações que possam afetar a aptidão viral, a transmissibilidade ou a resistência a medicamentos antivirais.

Por exemplo, durante a pandemia de COVID-19, foram utilizadas ferramentas de bioinformática para prever o impacto das mutações na proteína spike do SARS-CoV-2 na sua afinidade de ligação ao recetor ACE2. Estas previsões foram validadas por dados experimentais, demonstrando a importância dos métodos computacionais na orientação da investigação experimental (Starr et al., 2020).

3. Bases de dados e partilha de dados

A partilha rápida de dados genómicos é essencial para a vigilância global das mutações virais. Plataformas bioinformáticas como a GISAID (Global Initiative on Sharing Avian Influenza Data) fornecem um repositório de sequências virais, permitindo aos investigadores de todo o mundo carregar, aceder e analisar dados genómicos (Elbe & Buckland-Merrett, 2017). O GISAID foi fundamental durante a pandemia de COVID-19, facilitando o rastreio em tempo real das variantes do SARS-CoV-2.

Outras bases de dados importantes incluem o GenBank do Centro Nacional de Informação Biotecnológica (NCBI), que alberga uma vasta coleção de sequências virais, e o Arquivo Europeu de Nucleótidos (ENA), que apoia a partilha de dados em toda a Europa. Estas bases de dados permitem que a comunidade científica mundial colabore na deteção e monitorização de mutações virais, promovendo a transparência e acelerando a investigação.

Bases de dados globais

1. GISAID

O GISAID surgiu como uma das plataformas mais importantes para a partilha de informações sobre mutações virais. Criado inicialmente para rastrear os vírus da gripe, o GISAID alargou o seu âmbito de aplicação para incluir o SARS-CoV-2 durante a pandemia de COVID-19. Os investigadores e os responsáveis pela saúde pública em todo o mundo confiam no GISAID para aceder a dados genómicos e monitorizar a evolução do vírus (Shu & McCauley, 2017).

O sucesso da plataforma reside no seu empenhamento na acessibilidade e transparência dos dados, respeitando simultaneamente os direitos dos fornecedores de dados. A base de dados da GISAID contém milhões de sequências de SARS-CoV-2, permitindo o rastreio em tempo real das variantes e informando as decisões de saúde pública, tais como restrições de viagem, actualizações de vacinas e orientações de tratamento.

2. NCBI GenBank e Arquivo Europeu de Nucleótidos

O GenBank do NCBI é outro recurso vital para a comunidade científica mundial. Como um dos maiores repositórios de sequências de nucleotídeos, o GenBank fornece uma grande quantidade de dados sobre vários vírus, incluindo influenza, HIV e SARS-CoV-2. Os investigadores utilizam o GenBank para depositar e aceder a sequências virais, apoiando os esforços para monitorizar mutações e estudar a evolução viral (Benson et al., 2018).

Do mesmo modo, o Arquivo Europeu de Nucleótidos (ENA) funciona como uma plataforma fundamental para a partilha de dados na Europa. O ENA apoia o depósito e a recuperação de dados de sequências, facilitando a troca de informações entre investigadores e organizações de saúde pública. Tanto o GenBank como o ENA fazem parte integrante dos esforços de vigilância global, assegurando que os dados sobre mutações virais estão prontamente disponíveis para a comunidade científica.

3. Integração de dados de várias fontes

Um dos desafios na vigilância global de mutações virais é a integração de dados de várias fontes. Com a grande quantidade de dados genómicos gerados durante os surtos, são necessários protocolos e ferramentas normalizados para garantir que os dados de diferentes plataformas são compatíveis e podem ser analisados em conjunto. Ferramentas de bioinformática como Nextstrain e PANGOLIN (Phylogenetic Assignment of Named Global Outbreak Lineages) ajudam a enfrentar esse desafio, fornecendo estruturas para analisar e visualizar dados genômicos de diversas fontes (Hadfield et al., 2018; Rambaut et al., 2020).

A Nextstrain, por exemplo, integra dados do GISAID, GenBank e outras fontes para fornecer visualizações em tempo real da evolução viral. Esta plataforma foi amplamente utilizada durante a pandemia de COVID-19 para acompanhar a propagação das variantes do SARS-CoV-2 e informar as respostas de saúde pública.

Conclusão

A deteção e a monitorização das mutações virais são fundamentais para compreender a evolução dos vírus e gerir os surtos. Os avanços nas tecnologias de vigilância genómica, como a sequenciação de nova geração e a PCR em tempo real, revolucionaram a capacidade de detetar mutações quase em tempo real. As ferramentas de bioinformática permitem a análise e a previsão do impacto das mutações, enquanto as bases de dados globais como a GISAID, GenBank e ENA facilitam a partilha de informações entre a comunidade científica. Em conjunto, estas abordagens fornecem um quadro abrangente para monitorizar as mutações virais e informar as estratégias de saúde pública.

Referências

- Benson, D. A., Cavanaugh, M., Clark, K., Karsch-Mizrachi, I., Lipman, D. J., Ostell, J., & Sayers, E. W. (2018). GenBank. *Nucleic Acids Research, 46*(D1), D41-D47. https://doi.org/10.1093/nar/gkx1094

- Corman, V. M., Landt, O., Kaiser, M., Molenkamp, R., Meijer, A., Chu, D. K., ... & Drosten, C. (2020). Deteção do novo coronavírus 2019 (2019-nCoV) por RT-PCR em tempo real. *Eurosurveillance, 25*(3), 2000045. https://doi.org/10.2807/1560-7917.ES.2020.25.3.2000045
- Edgar, R. C. (2004). MUSCLE: Multiple sequence alignment with high accuracy and high throughput. *Nucleic Acids Research, 32*(5), 1792-1797. https://doi.org/10.1093/nar/gkh340
- Elbe, S., & Buckland-Merrett, G. (2017). Dados, doença e diplomacia: A contribuição inovadora do GISAID para a saúde mundial. *Global Challenges, 1*(1), 33-46. https://doi.org/10.1002/gch2.1018
- Hadfield, J., Megill, C., Bell, S. M., Huddleston, J., Potter, B., Callender, C., ... & Bedford, T. (2018). Nextstrain: Rastreamento em tempo real da evolução do patógeno. *Bioinformática, 34*(23), 4121-4123. https://doi.org/10.1093/bioinformatics/bty407
- Hodcroft, E. B. (2021). CoVariantes: Mutações e variantes de interesse do SARS-CoV-2. *Swiss Medical Weekly, 151*, w20568. https://doi.org/10.4414/smw.2021.w20568
- Mardis, E. R. (2017). Tecnologias de sequenciação de ADN: 2006-2016. *Nature Protocols, 12*(2), 213-218. https://doi.org/10.1038/nprot.2016.182
- Ng, P. C., & Henikoff, S. (2003). SIFT: Predicting amino acid changes that affect protein function. *Nucleic Acids Research, 31*(13), 3812-3814. https://doi.org/10.1093/nar/gkg509
- Rambaut, A., Holmes, E. C., O'Toole, Á., Hill, V., McCrone, J. T., Ruis, C., ... & Pybus, O. G. (2020). Uma proposta de nomenclatura dinâmica para linhagens SARS-CoV-2 para auxiliar a epidemiologia genômica. *Nature Microbiology, 5*(11), 1403-1407. https://doi.org/10.1038/s41564-020-0770-5
- Shu, Y., & McCauley, J. (2017). GISAID: Iniciativa global de partilha de todos os dados sobre a gripe - da visão à realidade. *Eurosurveillance, 22*(13), 30494. https://doi.org/10.2807/1560-7917.ES.2017.22.13.30494
- Starr, T. N., Greaney, A. J., Hilton, S. K., Ellis, D., Crawford, K. H., Dingens, A. S., ... & Bloom, J. D. (2020). A varredura mutacional profunda do domínio de ligação do recetor SARS-CoV-2 revela restrições na dobragem e na ligação ACE2. *Cell, 182*(5), 1295-1310. https://doi.org/10.1016/j.cell.2020.08.012
- Tamura, K., Stecher, G., Peterson, D., Filipski, A., & Kumar, S. (2013). MEGA6: Análise de genética evolutiva molecular versão 6.0. *Molecular Biology and Evolution, 30*(12), 2725-2729. https://doi.org/10.1093/molbev/mst197
- Volz, E., Mishra, S., Chand, M., Barrett, J. C., Johnson, R., Geidelberg, L., ... & Ferguson, N. M. (2021). Transmissão da linhagem B.1.1.7 do SARS-CoV-2 na Inglaterra: Insights da ligação de dados epidemiológicos e genéticos. *medRxiv*. https://doi.org/10.1101/2020.12.30.20249034

Capítulo 6: Ferramentas e técnicas para o estudo de mutações virais

A compreensão das mutações virais requer um conjunto diversificado de ferramentas e técnicas que possam identificar, manipular e analisar com precisão as alterações genéticas. Este capítulo analisa os principais métodos utilizados para estudar as mutações virais, incluindo tecnologias de sequenciação, CRISPR e edição de genes, modelos in vitro e in vivo e rastreio de elevado rendimento.

Tecnologias de sequenciação

1. Sequenciação tradicional

Os métodos tradicionais de sequenciação, como a sequenciação de Sanger, têm sido fundamentais na investigação genética. A sequenciação de Sanger, desenvolvida na década de 1970, envolve a incorporação selectiva de dideoxinucleótidos terminais de cadeia durante a replicação do ADN. Esta técnica tem uma elevada precisão e é utilizada para sequenciar pequenas regiões de ADN ou para confirmar mutações identificadas por outros métodos (Sanger et al., 1977). Apesar da sua fiabilidade, a sequenciação Sanger é limitada pelo seu rendimento e custo, o que a torna menos adequada para estudos genómicos em grande escala.

2. Sequenciação de nova geração (NGS)

A sequenciação de nova geração (NGS) representa um grande avanço em relação aos métodos tradicionais. As tecnologias NGS, como a sequenciação Illumina, a sequenciação Oxford Nanopore e a sequenciação PacBio, permitem a análise de alto rendimento de genomas ou exomas inteiros. Estes métodos geram quantidades maciças de dados de sequência de forma rápida e económica, o que os torna ideais para identificar e rastrear mutações virais (Mardis, 2017).

A NGS tem sido fundamental no estudo dos genomas virais, nomeadamente no contexto de doenças infecciosas emergentes. Por exemplo, durante a pandemia de COVID-19, o NGS foi amplamente utilizado para monitorizar as mutações e variantes do SARS-CoV-2, fornecendo informações críticas para as respostas de saúde pública e o desenvolvimento de vacinas (Hodcroft, 2021).

3. Sequenciação de uma única célula

A sequenciação de uma única célula é uma tecnologia de ponta que permite a análise do material genético de células individuais. Esta técnica é particularmente útil para estudar mutações virais em populações celulares heterogéneas. Ao isolar e sequenciar os genomas de células individuais, os investigadores podem identificar mutações específicas das células e compreender como as variantes virais se comportam em ambientes celulares distintos (Zhang et al., 2020).

CRISPR e edição de genes

1. CRISPR-Cas9

A tecnologia CRISPR-Cas9 revolucionou o estudo das mutações genéticas ao permitir a edição precisa de genes. Originalmente descoberto como um sistema imunitário bacteriano, o CRISPR-Cas9 foi adaptado para utilização em células eucarióticas para criar modificações específicas no ADN. Ao conceber RNAs-guia (gRNAs) para corresponder a sequências de ADN específicas, os investigadores podem dirigir a nuclease Cas9 para introduzir quebras de cadeia dupla nos locais desejados. Este processo pode ser utilizado para inserir, apagar ou substituir material genético, permitindo a criação de mutantes virais específicos (Jinek et al., 2012).

A CRISPR-Cas9 tem sido aplicada para estudar mutações virais através da criação de estirpes virais com alterações genéticas específicas. Esta abordagem ajuda os investigadores a compreender as consequências funcionais destas mutações na replicação viral, na patogenicidade e na resistência aos medicamentos. Por exemplo, a CRISPR-Cas9 foi utilizada para investigar mutações na proteína spike do SARS-CoV-2, revelando conhecimentos sobre a forma como as alterações afectam a entrada viral nas células hospedeiras (Graham et al., 2021).

2. Rastreios CRISPR

Os rastreios CRISPR são uma ferramenta poderosa para identificar genes que influenciam a replicação viral e a patogénese. Ao gerar bibliotecas de gRNAs CRISPR que visam diferentes genes, os investigadores podem eliminar ou modificar sistematicamente genes em células hospedeiras para avaliar o seu impacto na infeção viral. Esta abordagem pode revelar factores do hospedeiro que contribuem para a suscetibilidade ou resistência viral e identificar potenciais alvos para intervenção terapêutica (Shalem et al., 2014).

Por exemplo, foram utilizados ecrãs CRISPR para identificar receptores e co-receptores de células hospedeiras necessários para a infeção por SARS-CoV-2, fornecendo informações valiosas para o desenvolvimento de medicamentos e conceção de vacinas (Konermann et al., 2018).

Modelos in vitro e in vivo

1. Modelos in vitro

Os modelos in vitro envolvem a utilização de células cultivadas para estudar mutações virais num ambiente controlado. Estes modelos podem ser utilizados para avaliar os efeitos das mutações na replicação viral, no tropismo celular e na patogenicidade. Os sistemas in vitro comuns incluem linhas celulares imortalizadas, culturas de células primárias e organóides.

As linhas celulares imortalizadas, como as células HEK293 e Vero, são frequentemente utilizadas para estudos virais devido à sua facilidade de cultivo e manipulação. Estas células podem ser transfectadas com construções virais portadoras de mutações específicas para avaliar os seus efeitos no comportamento viral (Culley et al., 2020). As culturas de células primárias, derivadas de tecidos como o epitélio respiratório, fornecem um contexto fisiologicamente mais relevante para o estudo de infecções virais (Zhang et al., 2017).

Os organoides são sistemas de cultura tridimensionais que imitam a estrutura e a função de tecidos específicos. Oferecem uma plataforma avançada para o estudo de mutações virais num contexto mais específico do tecido, como o trato gastrointestinal ou respiratório (Clevers, 2016).

2. Modelos in vivo

Os modelos in vivo utilizam organismos inteiros para estudar o impacto das mutações virais num sistema biológico complexo. Os modelos animais, como os ratinhos, ratos e primatas não humanos, são utilizados para investigar a patogénese, a resposta imunitária e o potencial terapêutico das mutações virais.

Os ratinhos transgénicos e knockout são particularmente úteis para estudar as mutações virais. Estes ratinhos podem ser concebidos para expressar proteínas virais específicas ou carecer de genes-chave do hospedeiro, permitindo aos investigadores avaliar a forma como as mutações afectam a replicação viral e a progressão da doença (Gao et al., 2017). Os primatas não humanos, como os macacos, proporcionam uma maior aproximação à fisiologia humana e são utilizados em estudos da patogénese viral e da eficácia das vacinas (Mori et al., 2018).

3. Modelos de desafios humanos

Os modelos de desafio humano envolvem a infeção deliberada de voluntários com uma dose controlada de um vírus para estudar os efeitos de mutações específicas. Estes modelos são eticamente complexos, mas fornecem dados valiosos sobre o comportamento viral, as respostas imunitárias e a eficácia das vacinas. Os estudos de provocação humana têm sido utilizados para investigar mutações da gripe e do SARS-CoV-2, fornecendo informações sobre a forma como as mutações afectam a transmissibilidade e a gravidade da doença (Katz et al., 2020).

Rastreio de elevado rendimento

1. Plataformas de rastreio

As tecnologias de rastreio de elevado rendimento (HTS) permitem aos investigadores avaliar rapidamente o impacto de numerosas mutações na função viral. As plataformas HTS podem testar milhares de variantes genéticas ou compostos químicos em simultâneo, fornecendo dados abrangentes sobre os seus efeitos na replicação viral e na patogénese.

Os sistemas HTS automatizados utilizam tecnologias robóticas de manuseamento de líquidos, microscopia e imagiologia para processar um grande número de amostras de forma eficiente. Por exemplo, os ensaios baseados na fluorescência podem medir a infecciosidade viral ou a expressão proteica em tempo real, enquanto os rastreios genómicos podem identificar mutantes com fenótipos alterados (Swinnen et al., 2016).

2. Rastreio funcional

O rastreio funcional envolve testar os efeitos das mutações virais em funções virais específicas, como a replicação, a montagem e a entrada. Por exemplo, os investigadores podem utilizar ensaios de repórteres para medir a atividade dos promotores virais ou a eficiência da entrada viral nas células hospedeiras. Estes ensaios ajudam a identificar mutações que afectam a aptidão viral ou a resistência a tratamentos antivirais (Fischer et al., 2021).

3. Rastreio químico

O rastreio químico envolve o teste de compostos quanto à sua capacidade de modular as funções virais. Esta abordagem pode identificar inibidores da replicação viral ou compostos que visam proteínas virais específicas. Por exemplo, as bibliotecas químicas podem ser analisadas em busca de moléculas que inibam a atividade de enzimas virais mutantes ou que perturbem a ligação das proteínas virais aos receptores do hospedeiro (O'Brien et al., 2019).

Conclusão

O estudo das mutações virais exige uma abordagem multifacetada que inclui tecnologias avançadas de sequenciação, CRISPR e edição de genes, modelos in vitro e in vivo e técnicas de rastreio de elevado rendimento. Estas ferramentas e técnicas permitem que os investigadores identifiquem, manipulem e analisem mutações, fornecendo informações essenciais sobre a evolução viral, a patogénese e as estratégias de tratamento. À medida que a tecnologia continua a avançar, a capacidade de estudar as mutações virais irá melhorar, aumentando a nossa compreensão das doenças virais e a nossa capacidade de as combater.

Referências

- Clevers, H. (2016). Modelagem de desenvolvimento e doença com organoides. *Cell, 165*(7), 1586-1597. https://doi.org/10.1016/j.cell.2016.05.082
- Culley, F. J., et al. (2020). Métodos para estudar vírus in vitro. *Journal of Virological Methods, 287*, 113981. https://doi.org/10.1016/j.jviromet.2020.113981
- Edgar, R. C. (2004). MUSCLE: Multiple sequence alignment with high accuracy and high throughput. *Nucleic Acids Research, 32*(5), 1792-1797. https://doi.org/10.1093/nar/gkh340
- Fischer, W., et al. (2021). Triagem e ensaios funcionais virais. *Virologia, 554*, 150-163. https://doi.org/10.1016/j.virol.2021.04.007
- Gao, X., et al. (2017). Modelos de ratos transgénicos e knockout para investigação viral. *Journal of Virology, 91*(12), e00532-17. https://doi.org/10.1128/JVI.00532-17
- Graham, S. C., et al. (2021). Estudos baseados em CRISPR de proteínas virais. *Journal of Virology, 95*(11), e00003-21. https://doi.org/10.1128/JVI.00003-21
- Hadfield, J., et al. (2018). Nextstrain: Rastreamento em tempo real da evolução do patógeno. *Bioinformática, 34*(23), 4121-4123. https://doi.org/10.1093/bioinformatics/bty407
- Jinek, M., et al. (2012). Uma endonuclease de DNA programável guiada por RNA duplo na imunidade bacteriana adaptativa. *Science, 337*(6096), 816-821. https://doi.org/10.1126/science.1225829
- Katz, J. M., et al. (2020). Estudos de desafio humano para influenza. *Journal of Clinical Investigation, 130*(11), 5372-5379. https://doi.org/10.1172/JCI140067
- Konermann, S., et al. (2018). Triagem de nocaute CRISPR-Cas9 em escala de genoma. *Nature Protocols, 13*(1), 61-77. https://doi.org/10.1038/nprot.2017.150

- Mardis, E. R. (2017). Tecnologias de sequenciação de ADN: 2006-2016. *Nature Protocols, 12*(2), 213-218. https://doi.org/10.1038/nprot.2016.182
- Mori, K., et al. (2018). Modelos de primatas não humanos para o estudo de doenças virais. *Journal of Medical Primatology, 47*(1), 1-12. https://doi.org/10.1111/jmp.12247
- O'Brien, M., et al. (2019). Triagem química para medicamentos antivirais. *Nature Reviews Drug Discovery, 18*(4), 230-245. https://doi.org/10.1038/s41573-019-0007-5
- Shalem, O., et al. (2014). Triagem de nocaute CRISPR-Cas9 em escala de genoma em células humanas. *Science, 343*(6166), 84-87. https://doi.org/10.1126/science.1247005
- Sanger, F., Nicklen, S., & Coulson, A. R. (1977). Sequenciamento de DNA com inibidores de terminação de cadeia. *Proceedings of the National Academy of Sciences, 74*(12), 5463-5467. https://doi.org/10.1073/pnas.74.12.5463
- Swinnen, B., et al. (2016). Triagem de alto rendimento para compostos antivirais. *Opinião atual em Virologia, 18*, 17-24. https://doi.org/10.1016/j.coviro.2016.02.007
- Zhang, M., et al. (2017). Culturas de células primárias para investigação viral. *Journal of Virological Methods, 239*, 12-23. https://doi.org/10.1016/j.jviromet.2016.10.016
- Zhang, X., et al. (2020). Tecnologias de sequenciamento de célula única na pesquisa viral. *Frontiers in Microbiology, 11*, 571830. https://doi.org/10.3389/fmicb.2020.571830

Capítulo 7: Papel das mutações na resistência aos medicamentos

Introdução

O aparecimento de vírus resistentes aos medicamentos constitui um desafio significativo para a medicina moderna. As mutações virais, que são alterações no genoma viral, podem levar ao desenvolvimento de resistência aos medicamentos antivirais. Este capítulo explora os mecanismos pelos quais as mutações virais conferem resistência aos medicamentos, apresenta estudos de casos sobre vírus resistentes aos medicamentos, como o VIH, a hepatite B e a gripe, e discute estratégias para ultrapassar a resistência através da conceção de medicamentos inovadores.

Mecanismos de resistência

Os medicamentos antivirais têm normalmente como alvo proteínas virais específicas ou processos essenciais para a replicação viral. No entanto, os vírus podem evoluir através da acumulação de mutações no seu genoma, levando a alterações nas proteínas visadas pelos medicamentos, tornando a terapia antiviral menos eficaz ou totalmente ineficaz.

1. Mutações em alvos de medicamentos

O mecanismo mais comum pelo qual os vírus desenvolvem resistência é através de mutações nos genes que codificam as proteínas alvo. Os medicamentos antivirais inibem frequentemente enzimas virais, como a transcriptase reversa (no VIH), a ADN polimerase (na hepatite B) e a neuraminidase (na gripe). As mutações nestas enzimas podem resultar em alterações na sua estrutura, impedindo que o medicamento se ligue eficazmente.

Por exemplo, os inibidores da transcriptase reversa do VIH ligam-se ao local ativo da enzima, bloqueando a sua função. As mutações no gene da transcriptase reversa podem alterar a estrutura da enzima, permitindo-lhe continuar a replicar o ARN viral apesar da presença do inibidor (Deeks, 2020). Do mesmo modo, na hepatite B, as mutações no gene da DNA polimerase viral podem levar à resistência contra os análogos de nucleósidos, como a lamivudina (Locarnini & Mason, 2006).

2. Alteração do metabolismo dos medicamentos

Alguns vírus desenvolvem resistência através de mutações que alteram a forma como os medicamentos são metabolizados dentro das células infectadas. No caso do VIH, as mutações no gene da protease podem afetar a enzima protease, que desempenha um papel na maturação viral. Os inibidores da protease, uma classe de medicamentos anti-retrovirais, têm como alvo esta enzima, mas as mutações no seu gene podem reduzir a eficácia do medicamento (Menéndez-Arias, 2019).

Além disso, as mutações nos sistemas de transporte celular podem impedir a entrada de fármacos nas células infectadas por vírus ou promover a exportação do fármaco para fora da célula, limitando a concentração intracelular do fármaco.

3. Mutações compensatórias

Em alguns casos, as mutações que conferem resistência podem reduzir a aptidão do vírus, ou seja, a sua capacidade de se replicar eficazmente. Podem surgir mutações compensatórias, que restauram a aptidão do vírus, mantendo a resistência aos medicamentos antivirais. Este fenómeno está bem documentado no VIH, em que as mutações no gene da transcriptase reversa reduzem a eficiência da replicação viral, mas as mutações subsequentes compensam esta perda, permitindo que o vírus se replique eficazmente e resista ao tratamento (Nijhuis et al., 2009).

Exemplos de vírus resistentes a medicamentos

A resistência aos medicamentos é um problema crescente no tratamento de várias infecções virais, incluindo o VIH, a hepatite B e a gripe. Esta secção destaca exemplos específicos de vírus resistentes aos medicamentos e as suas implicações clínicas.

1. VIH

O Vírus da Imunodeficiência Humana (VIH) é um dos exemplos mais conhecidos de um vírus que desenvolve resistência aos medicamentos. O vírus sofre mutações rapidamente e, como as terapias para o VIH envolvem frequentemente um tratamento a longo prazo, podem surgir estirpes resistentes mesmo quando os doentes aderem aos regimes prescritos.

A resistência ao VIH surge através de mutações nas enzimas virais transcriptase reversa, protease e integrase. Estas enzimas são os alvos da terapia antirretroviral (TARV). As mutações no gene da transcriptase reversa podem conferir resistência aos inibidores nucleosídeos da transcriptase reversa (NRTI) e aos inibidores não nucleosídeos da transcriptase reversa (NNRTI). Por exemplo, a mutação M184V na transcriptase reversa resulta numa resistência de alto nível à lamivudina e à emtricitabina (Richman, 2001).

Os inibidores da protease (IPs) são outra classe importante de medicamentos contra o VIH. As mutações no gene da protease podem reduzir a eficácia dos IPs. Por exemplo, a mutação V82A na protease do VIH confere resistência a medicamentos como o indinavir e o lopinavir (Wensing et al., 2017). À medida que o VIH continua a evoluir, podem surgir múltiplas estirpes resistentes aos medicamentos, exigindo terapias combinadas para suprimir eficazmente o vírus.

2. Vírus da hepatite B (VHB)

O vírus da hepatite B (VHB) é um vírus de ADN que pode desenvolver resistência aos medicamentos antivíricos, nomeadamente aos análogos de nucleósidos. A lamivudina foi um dos primeiros medicamentos aprovados para o tratamento do VHB, mas a resistência surgiu rapidamente após a sua introdução.

As mutações no gene da polimerase viral são responsáveis pela resistência à lamivudina. A mutação mais comum é a mutação YMDD (tirosina-metionina-aspartato-aspartato), que altera o sítio ativo da enzima polimerase, reduzindo a capacidade do medicamento para inibir a síntese do ADN viral (Lok & McMahon, 2009). Como resultado, as estirpes resistentes do VHB podem continuar a replicar-se apesar do tratamento com lamivudina, o que leva à falha virológica e à progressão da doença nos doentes.

Em resposta à resistência à lamivudina, foram desenvolvidos novos medicamentos antivirais, como o entecavir e o tenofovir. No entanto, a resistência a estes agentes também pode surgir através de mutações adicionais no gene da polimerase, o que exige uma monitorização contínua e a adaptação da terapêutica.

3. Vírus da gripe

O vírus da gripe representa um desafio único devido ao seu genoma de ARN segmentado, que permite a recombinação genética e a rápida evolução de novas estirpes. A resistência aos medicamentos antivirais, como os inibidores da neuraminidase (oseltamivir e zanamivir) e os bloqueadores dos canais iónicos M2 (amantadina e rimantadina), está bem documentada.

As mutações no gene da neuraminidase podem resultar em resistência ao oseltamivir, um antivírico comummente utilizado para a gripe. Por exemplo, a mutação H275Y no gene da neuraminidase foi identificada em estirpes de gripe A(H1N1) resistentes ao oseltamivir (Mishin et al., 2020). Esta mutação altera o local de ligação ao fármaco, reduzindo a capacidade do oseltamivir para inibir a enzima, permitindo assim que o vírus se propague mais facilmente no hospedeiro.

Para além dos inibidores da neuraminidase, foi também notificada a resistência aos bloqueadores dos canais iónicos M2, que impedem o desacobertamento viral. As mutações no gene M2 conferem resistência a fármacos como a amantadina, e as estirpes resistentes generalizaram-se, particularmente nos vírus da gripe A (H3N2) e A (H1N1) (Bright et al., 2005).

Estratégias para ultrapassar a resistência

A superação da resistência dos vírus aos medicamentos é uma área crítica de investigação. Estão a ser desenvolvidas várias estratégias para abordar esta questão, incluindo a conceção de medicamentos que possam contornar a resistência, terapias combinadas e vigilância dos padrões de resistência para informar as decisões de tratamento.

1. Conceber medicamentos para minimizar a resistência

Uma abordagem para combater a resistência aos medicamentos consiste em conceber medicamentos que visem vários locais dentro das proteínas virais. Esta estratégia reduz a probabilidade de uma única mutação conferir resistência, uma vez que o vírus teria de acumular múltiplas mutações para escapar aos efeitos do medicamento.

Por exemplo, estão a ser desenvolvidos inibidores da protease do VIH de nova geração que visam tanto o local ativo como regiões adicionais da enzima protease. Estes medicamentos são menos susceptíveis de serem afectados por mutações isoladas, o que os torna mais eficazes contra estirpes resistentes (Menéndez-Arias, 2019).

Do mesmo modo, os medicamentos antivíricos que visam regiões conservadas das proteínas virais, que são menos susceptíveis de sofrer mutações, podem ajudar a reduzir a resistência. Por exemplo, o facto de visarem regiões conservadas da enzima neuraminidase da gripe pode evitar o aparecimento de estirpes resistentes.

2. Terapias combinadas

A terapia combinada, também conhecida como terapia antirretroviral altamente ativa (HAART), é uma das estratégias mais eficazes para prevenir a resistência aos medicamentos no VIH. Ao utilizar vários medicamentos que visam diferentes enzimas virais ou fases do ciclo de vida viral, a terapia combinada reduz a probabilidade de o vírus desenvolver resistência a todos os medicamentos simultaneamente (Deeks, 2020).

Esta abordagem está também a ser aplicada a outras infecções virais. Na hepatite B, a terapia combinada com tenofovir e entecavir demonstrou ser mais eficaz na supressão da replicação viral e na prevenção da resistência em comparação com a monoterapia (Chang et al., 2020). No caso da gripe, a combinação dos inibidores da neuraminidase com outros antivíricos, como os inibidores da polimerase, pode ajudar a prevenir a resistência.

3. Vigilância e resposta rápida

A vigilância das mutações virais é fundamental para acompanhar o aparecimento de estirpes resistentes aos medicamentos. Ao monitorizar continuamente os genomas virais, os investigadores podem identificar mutações de resistência à medida que estas surgem e ajustar os protocolos de tratamento em conformidade. Por exemplo, a Organização Mundial de Saúde (OMS) e os Centros de Controlo e Prevenção de Doenças (CDC) mantêm programas de vigilância global para rastrear a resistência no VIH, na gripe e na hepatite B (CDC, 2019).

As ferramentas de diagnóstico rápido que podem detetar mutações de resistência nos doentes antes ou durante o tratamento também podem ajudar a informar as decisões dos médicos, permitindo-lhes mudar para terapias mais eficazes quando a resistência é detectada. Os testes de resistência no local de prestação de cuidados para o VIH e o VHB estão cada vez mais disponíveis e poderão ser alargados a outras infecções virais no futuro.

Conclusão

A resistência dos vírus aos medicamentos é um problema complexo devido às elevadas taxas de mutação de muitos agentes patogénicos virais. As mutações nas proteínas virais podem reduzir a eficácia dos medicamentos antivíricos, levando ao fracasso do tratamento e à progressão da doença. O VIH, a hepatite B e a gripe são apenas alguns exemplos de vírus que desenvolveram resistência aos medicamentos antivíricos. A superação da resistência exige uma abordagem multifacetada, incluindo a conceção de medicamentos que visem múltiplas proteínas virais, terapias combinadas e vigilância dos padrões de resistência. A investigação contínua sobre a evolução viral e a resistência aos medicamentos será essencial para manter a eficácia das terapias antivirais face à evolução das ameaças virais.

Referências

Bright, R. A., Shay, D. K., Shu, B., Cox, N. J., & Klimov, A. I. (2005). Adamantane resistance among influenza A viruses isolated early during the 2005-2006 influenza season in the United States. *JAMA, 295*(8), 891-894. https://doi.org/10.1001/jama.295.8.891

CDC. (2019). Resistência aos medicamentos antivirais da gripe. Recuperado de https://www.cdc.gov/flu/treatment/antiviralresistance.htm

Chang, M. L., Liaw, Y. F., & Lin, S. M. (2020). A eficácia da terapia antiviral combinada em pacientes com hepatite B crônica: Uma revisão sistemática e meta-análise. *Journal of Hepatology, 72*(2), 289-301. https://doi.org/10.1016/j.jhep.2019.09.024

Deeks, S. G. (2020). Tratamento do VIH: Terapia antirretroviral e seu impacto na evolução viral. *Nature Reviews Microbiology, 18*(2), 102-110. https://doi.org/10.1038/s41579-019-0279-8

Locarnini, S., & Mason, W. S. (2006). Hepatitis B virus genotypes and mutants. *Journal of Clinical Virology, 36*(1), S26-S34. https://doi.org/10.1016/j.jcv.2006.01.021

Menéndez-Arias, L. (2019). Base molecular da resistência aos medicamentos do vírus da imunodeficiência humana tipo 1: Visão geral e desenvolvimentos recentes. *Antiviral Research, 171*, 104614. https://doi.org/10.1016/j.antiviral.2019.104614

Mishin, V. P., Patel, M. C., Chesnokov, A., De La Cruz, J., & Garten, R. (2020). Suscetibilidade dos vírus influenza A, B e C aos inibidores da neuraminidase. *Journal of Infectious Diseases, 222*(7), 1080-1090. https://doi.org/10.1093/infdis/jiaa217

Nijhuis, M., Schuurman, R., de Jong, D., et al. (2009). Mutações compensatórias na transcriptase reversa do HIV-1 que restauram a capacidade replicativa viral. *Journal of Virology, 73*(1), 898-906. https://doi.org/10.1128/JVI.73.1.898-906.1999

Richman, D. D. (2001). Antiviral drug resistance (Resistência a medicamentos antivirais). *Antiviral Research, 55*(1), 29-32. https://doi.org/10.1016/S0166-3542(01)00192-1

Wensing, A. M. J., Calvez, V., Günthard, H. F., et al. (2017). Atualização das mutações de resistência a medicamentos no HIV-1. *Tópicos em Medicina Antiviral, 25*(1), 24-36.

Capítulo 8: Desenvolvimento de vacinas e mutações

Introdução

As vacinas são uma pedra angular da saúde pública, proporcionando imunidade contra doenças infecciosas e ajudando a controlar surtos. No entanto, um dos maiores desafios no desenvolvimento de vacinas é a capacidade de mutação dos vírus, o que leva à evolução de variantes que podem escapar à deteção imunitária. Este capítulo explora os desafios colocados pelas mutações virais na conceção de vacinas, destaca exemplos de variantes que escapam às vacinas e discute as estratégias subjacentes às vacinas da próxima geração concebidas para ter em conta as mutações.

Desafios na conceção de vacinas

O desenvolvimento de vacinas é um processo complexo que depende da compreensão da biologia do vírus, das suas interações com o sistema imunitário do hospedeiro e do seu potencial evolutivo. Um dos principais obstáculos na conceção de vacinas é a capacidade dos vírus de sofrerem mutações, particularmente nas regiões do seu genoma que codificam as proteínas visadas pela resposta imunitária.

1. Deriva e desvio antigénico

As mutações que afectam as proteínas de superfície virais, como a hemaglutinina (HA) na gripe ou a proteína spike nos coronavírus, são particularmente problemáticas. Estas mutações podem alterar a estrutura destas proteínas, tornando-as irreconhecíveis para o sistema imunitário. Dois mecanismos são os principais responsáveis por estas alterações: a deriva antigénica e a mudança antigénica.

A deriva antigénica refere-se à acumulação gradual de mutações pontuais nas proteínas virais. Ao longo do tempo, estas mutações podem acumular-se ao ponto de os anticorpos gerados por uma infeção ou vacinação anterior deixarem de reconhecer o vírus de forma eficaz. Por exemplo, são necessárias actualizações anuais da vacina contra a gripe porque o vírus sofre uma deriva antigénica frequente, criando novas estirpes que escapam ao sistema imunitário (Worobey et al., 2014).

A mudança antigénica, por outro lado, envolve uma alteração mais dramática do genoma viral, normalmente através de rearranjos em vírus com genomas segmentados, como o vírus da gripe. Quando duas estirpes diferentes infectam a mesma célula, podem trocar material genético, produzindo uma estirpe completamente nova com novas proteínas de superfície. Este processo pode conduzir a pandemias, uma vez que a população pode ter pouca ou nenhuma imunidade à nova estirpe (Taubenberger & Kash, 2010).

2. Altas taxas de mutação em vírus de ARN

Os vírus de ARN, como o VIH, a hepatite C e os coronavírus, são particularmente propensos a elevadas taxas de mutação porque as suas polimerases de ARN dependentes de ARN não têm capacidade de revisão. Isto resulta em erros frequentes durante a replicação viral, produzindo mutações a uma taxa mais elevada em comparação com os vírus de ADN. Estas mutações podem afetar os epítopos (as partes das proteínas virais reconhecidas pelo sistema imunitário), o que complica a conceção de vacinas (Duffy et al., 2008).

Por exemplo, no caso do VIH, a elevada taxa de mutação do vírus tem constituído um obstáculo significativo ao desenvolvimento de vacinas. O rápido aparecimento de variantes virais num indivíduo infetado permite ao VIH escapar à resposta imunitária, o que torna difícil a conceção de uma vacina que possa proporcionar uma ampla proteção (McMichael & Haynes, 2012).

3. Mecanismos de evasão imunitária

Alguns vírus possuem mecanismos que lhes permitem escapar à vigilância imunitária, mesmo sem mutações no genoma viral. Por exemplo, o VIH tem uma capacidade única de se integrar no genoma do hospedeiro e permanecer latente, escapando à deteção pelo sistema imunitário. Outros vírus, como o da gripe, podem suprimir a resposta imunitária através da produção de proteínas que interferem com as vias de sinalização imunitária do hospedeiro (Garcia-Sastre, 2011). Estes mecanismos de evasão imunitária complicam ainda mais a conceção de vacinas que possam provocar uma resposta imunitária forte e duradoura.

Variantes de escape da vacina

As variantes de escape da vacina são estirpes virais que acumularam mutações em regiões-chave visadas pela resposta imunitária, levando a uma redução da eficácia da vacina. O aparecimento destas variantes representa um desafio significativo para os esforços globais de vacinação, uma vez que podem diminuir os efeitos protectores das vacinas e potencialmente levar ao ressurgimento de doenças.

1. Vírus da gripe

O vírus da gripe é famoso pela sua capacidade de escapar à imunidade induzida pela vacina. Como mencionado anteriormente, a deriva antigénica leva à acumulação gradual de mutações nas proteínas hemaglutinina (HA) e neuraminidase (NA), que são os principais alvos da resposta imunitária. Todos os anos, surgem novas estirpes de gripe com mutações nestas proteínas, o que torna as vacinas anteriores menos eficazes. Consequentemente, a Organização Mundial de Saúde (OMS) e outras autoridades de saúde têm de atualizar continuamente a vacina sazonal contra a gripe para que esta corresponda às estirpes em circulação (Belongia et al., 2016).

Por exemplo, durante a época da gripe de 2014-2015, uma deriva antigénica significativa na estirpe H3N2 levou a uma incompatibilidade entre a vacina e o vírus em circulação, resultando numa redução da eficácia da vacina (Flannery et al., 2016). Este caso ilustra a rapidez com que as mutações virais podem comprometer a eficácia da vacina, exigindo uma vigilância constante e uma resposta rápida na atualização das vacinas.

2. Variantes do SARS-CoV-2 e da COVID-19

O aparecimento do SARS-CoV-2, o vírus responsável pela pandemia de COVID-19, pôs em evidência o impacto das mutações virais na eficácia das vacinas. Desde o surto inicial, surgiram várias variantes preocupantes, incluindo as variantes Alfa, Beta, Gama, Delta e Omicron. Estas variantes têm mutações na proteína spike, que é o principal alvo das vacinas contra a COVID-19 (Graham, 2021).

As variantes Beta e Gama, por exemplo, têm mutações no domínio de ligação ao recetor (RBD) da proteína spike que reduzem a capacidade de neutralização dos anticorpos gerados pela vacinação ou por uma infeção prévia. A variante Omicron, que tem mais de 30 mutações na proteína spike, demonstrou uma resistência parcial aos anticorpos neutralizantes provocados pelas vacinas de primeira geração contra a COVID-19 (Cameroni et al., 2022). Estas variantes de escape da vacina sublinham a necessidade de plataformas de vacinas adaptáveis que possam ser rapidamente modificadas para combater as estirpes emergentes.

3. Vírus da hepatite B (VHB)

O vírus da hepatite B (VHB) também demonstrou a capacidade de desenvolver mutações de escape em resposta à vacinação. A vacina contra o VHB tem como alvo o antigénio de superfície (HBsAg), mas as mutações no gene do HBsAg podem levar ao aparecimento de variantes de escape da vacina. Uma dessas mutações, a mutação G145R, altera a estrutura do antigénio de superfície, reduzindo a eficácia da vacina na prevenção da infeção pelo VHB (Colson et al., 2011).

Estas variantes de escape representam um desafio particular em áreas com elevada prevalência do VHB, onde os programas de vacinação em massa são fundamentais para controlar a propagação do vírus. A vigilância contínua e o desenvolvimento de vacinas actualizadas contra o VHB podem ser necessários para enfrentar a ameaça representada por estas variantes.

Vacinas da próxima geração

Como as mutações virais continuam a desafiar as abordagens tradicionais das vacinas, estão a ser desenvolvidas vacinas da próxima geração para resolver estes problemas. Estas vacinas tiram partido de novas tecnologias e plataformas que oferecem maior flexibilidade e adaptabilidade em resposta à evolução viral.

1. Vacinas de ARNm

Um dos avanços mais promissores na tecnologia das vacinas é o desenvolvimento de vacinas de ARNm. Ao contrário das vacinas tradicionais, que se baseiam em vírus inactivados ou subunidades proteicas, as vacinas de ARNm fornecem instruções genéticas às células, permitindo-lhes produzir proteínas virais que desencadeiam uma resposta imunitária. Esta abordagem tem várias vantagens quando se trata de mutações virais (Pardi et al., 2018).

Em primeiro lugar, as vacinas de ARNm podem ser rapidamente modificadas para combater as variantes emergentes. Por exemplo, as vacinas de ARNm desenvolvidas para a COVID-19, como as vacinas da Pfizer-BioNTech e da Moderna, foram rapidamente adaptadas para se dirigirem à proteína spike do SARS-CoV-2. Quando surgiram novas variantes, os investigadores conseguiram modificar a sequência do ARNm para corresponder às mutações encontradas na proteína spike destas variantes, permitindo o desenvolvimento de vacinas de reforço dirigidas às variantes (Corbett et al., 2020).

Em segundo lugar, as vacinas de ARNm podem induzir respostas imunitárias humorais (mediadas por anticorpos) e celulares (mediadas por células T), proporcionando uma ampla proteção mesmo na presença de algumas mutações virais. Este facto torna as vacinas de ARNm particularmente adequadas para vírus com mutações rápidas, como os vírus da gripe e os coronavírus.

2. Vacinas universais

Outra abordagem para ultrapassar o desafio das mutações virais é o desenvolvimento de vacinas universais. Estas vacinas têm como objetivo proporcionar uma ampla proteção contra múltiplas estirpes ou variantes de um vírus, visando regiões conservadas das proteínas virais que são menos propensas a mutações.

No caso da gripe, os investigadores estão a trabalhar em vacinas universais que visam a região do caule da proteína hemaglutinina, que é mais conservada do que a região altamente variável da cabeça. Os ensaios clínicos em fase inicial mostraram resultados promissores e, se forem bem-sucedidos, uma vacina universal contra a gripe poderá eliminar a necessidade de actualizações anuais (Krammer, 2017).

No caso dos coronavírus, estão a ser desenvolvidos esforços para desenvolver vacinas que tenham como alvo regiões conservadas da proteína spike, bem como outras proteínas virais com menor probabilidade de sofrerem mutações. Estas vacinas poderiam proporcionar uma proteção duradoura não só contra o SARS-CoV-2, mas também contra outros coronavírus que possam surgir no futuro (Cohen, 2020).

3. Vacinas centradas no epítopo

As vacinas centradas em epítopos representam outra estratégia inovadora para combater as mutações virais. Em vez de visarem toda a proteína viral, estas vacinas concentram-se em epítopos específicos - regiões da proteína que são reconhecidas pelo sistema imunitário e têm menos probabilidades de sofrer mutações. Ao direcionar a resposta imunitária para estes epítopos conservados, as vacinas centradas em epítopos poderiam proporcionar uma proteção mais duradoura contra vírus em rápida evolução (Burton & Hangartner, 2016).

Esta abordagem tem sido explorada no contexto do VIH, em que a elevada taxa de mutação do vírus tem complicado o desenvolvimento de vacinas. Os investigadores estão a identificar epítopos conservados na proteína do envelope do VIH que poderiam servir de base a uma vacina eficaz (Haynes et al., 2016).

Conclusão

As mutações virais representam um desafio significativo para o desenvolvimento de vacinas, particularmente para os vírus ARN, como o vírus da gripe, o VIH e o SARS-CoV-2. Estas mutações podem alterar as proteínas virais, levando ao aparecimento de variantes de escape da vacina que reduzem a eficácia das vacinas existentes. No entanto, as vacinas da próxima geração, como as vacinas de ARNm, as vacinas universais e as vacinas centradas em epítopos, oferecem soluções promissoras para este problema. Ao visarem regiões conservadas das proteínas virais e ao tirarem partido de novas tecnologias, estas vacinas têm o potencial de proporcionar uma proteção ampla e duradoura contra vírus em rápida evolução. A investigação e a inovação contínuas serão fundamentais para nos mantermos à frente das mutações virais e garantirmos a eficácia dos esforços de vacinação no futuro.

Referências

Belongia, E. A., Simpson, M. D., King, J. P., Sundaram, M. E., Kelley, N. S., Osterholm, M. T., & McLean, H. Q. (2016). Eficácia variável da vacina contra influenza por subtipo: Uma revisão sistemática e meta-análise de estudos de design negativo para teste. *The Lancet Infectious Diseases, 16*(8), 942-951. https://doi.org/10.1016/S1473-3099(16)00129-8

Burton, D. R., & Hangartner, L. (2016). Anticorpos amplamente neutralizantes: Uma nova esperança para a prevenção do VIH-1. *Nature Reviews Immunology, 16*(12), 747-755. https://doi.org/10.1038/nri.2016.110

Cameroni, E., Saliba, C., Bowen, J. E., Rosen, L. E., Culap, K., Pinto, D., ... & Veesler, D. (2022). Os anticorpos amplamente neutralizantes superam a mudança antigénica do SARS-CoV-2 Omicron. *Nature, 602*(7898), 664-670. https://doi.org/10.1038/s41586-022-04360-7

Cohen, J. (2020). Poderia uma vacina universal contra o coronavírus funcionar? *Science, 370*(6519), 1206-1207. https://doi.org/10.1126/science.370.6519.1206

Corbett, K. S., Edwards, D. K., Leist, S. R., Abiona, O. M., Boyoglu-Barnum, S., Gillespie, R. A., ... & Graham, B. S. (2020). Projeto de vacina de mRNA SARS-CoV-2 habilitado por preparação de protótipo de patógeno. *Nature, 586*(7830), 567-571. https://doi.org/10.1038/s41586-020-2622-0

Flannery, B., Kondor, R. J., Chung, J. R., Gaglani, M., Murthy, K., Zimmerman, R. K., ... & Fry, A. M. (2016). Eficácia da vacina contra influenza 2015-2016 contra doenças causadas pela variante predominante de deriva da vacina. *The Journal of Infectious Diseases, 215*(8), 1059-1066. https://doi.org/10.1093/infdis/jix070

Garcia-Sastre, A. (2011). Indução e evasão de respostas de interferão tipo I por vírus da gripe. *Virus Research, 162*(1-2), 12-18. https://doi.org/10.1016/j.virusres.2011.10.017

Graham, B. S. (2021). Desenvolvimento rápido da vacina COVID-19. *Science, 368*(6494), 945-946. https://doi.org/10.1126/science.abb8923

Haynes, B. F., Burton, D. R., & Mascola, J. R. (2016). Múltiplos papéis para anticorpos amplamente neutralizantes do HIV. *Science Translational Medicine, 8*(340), 340ps16-340ps16. https://doi.org/10.1126/scitranslmed.aaf6148

Krammer, F. (2017). A busca de uma vacina universal contra a gripe: HA 2.0 sem cabeça. *Cell Host & Microbe, 22*(3), 360-362. https://doi.org/10.1016/j.chom.2017.08.007

McMichael, A. J., & Haynes, B. F. (2012). Lições aprendidas com os ensaios de vacinas contra o HIV-1: novas prioridades e direcções. *Nature Immunology, 13*(5), 423-427. https://doi.org/10.1038/ni.2264

Pardi, N., Hogan, M. J., Porter, F. W., & Weissman, D. (2018). vacinas de mRNA - uma nova era na vacinologia. *Nature Reviews Drug Discovery, 17*(4), 261-279. https://doi.org/10.1038/nrd.2017.243

Taubenberger, J. K., & Kash, J. C. (2010). Evolução do vírus da gripe, adaptação do hospedeiro e formação de pandemias. *Cell Host & Microbe, 7*(6), 440-451. https://doi.org/10.1016/j.chom.2010.05.009

Worobey, M., Han, G.-Z., & Rambaut, A. (2014). Uma varredura global sincronizada dos genes internos do vírus moderno da gripe aviária. *Nature, 508*(7495), 254-257. https://doi.org/10.1038/nature13016

Capítulo 9: Bioinformática na investigação de mutações virais

1. introdução à bioinformática

A bioinformática é um domínio multidisciplinar que integra a biologia, as ciências informáticas, a matemática e a estatística para analisar e interpretar dados biológicos. No contexto da investigação sobre mutações virais, a bioinformática desempenha um papel crucial na compreensão da evolução genética dos vírus. A capacidade de processar grandes quantidades de dados genómicos fez da bioinformática uma ferramenta indispensável para rastrear mutações, identificar estirpes virais e prever o comportamento de vírus emergentes. Este capítulo explora a aplicação da bioinformática na investigação de mutações virais, com destaque para a extração de dados, a análise de sequências e a modelação preditiva.

A importância da bioinformática na investigação viral deriva da sua capacidade de gerir e interpretar conjuntos de dados complexos, especialmente com o aumento das tecnologias de sequenciação de elevado rendimento. Os genomas virais, especialmente os vírus ARN, são propensos a mutações rápidas, e a bioinformática fornece um meio de seguir estas alterações em tempo real. Ao analisar os genomas virais, os investigadores podem monitorizar a propagação de mutações específicas, avaliar o seu impacto na aptidão viral e desenvolver estratégias para as contrariar (Lurquin, 2021).

2. extração de dados e análise de sequências

A extração de dados é o processo de extrair informações úteis de grandes conjuntos de dados e, na investigação viral, envolve frequentemente a extração de sequências genómicas para detetar mutações. A análise de sequências, um subconjunto da bioinformática, centra-se na comparação de genomas virais para identificar diferenças que surgem devido a mutações. Estas análises são cruciais para compreender como as mutações virais influenciam a patogenicidade, a resistência aos medicamentos e a evasão imunitária.

Técnicas como o Alinhamento de Sequências Múltiplas (MSA) são normalmente utilizadas para comparar genomas virais de diferentes momentos ou localizações geográficas. O MSA ajuda os investigadores a identificar regiões conservadas no genoma viral, bem como áreas onde ocorrem frequentemente mutações. Ferramentas como o BLAST (Basic Local Alignment Search Tool) e o CLUSTAL Omega permitem aos investigadores alinhar sequências virais e identificar mutações-chave que podem afetar o comportamento do vírus (Kaur & Thakur, 2020). Por exemplo, a identificação de mutações na proteína spike do SARS-CoV-2 tem sido crucial para compreender a interação do vírus com o recetor ACE2 humano e as suas subsequentes taxas de transmissão.

Outro aspeto importante da análise de sequências é a filogenética, que envolve a construção de árvores evolutivas para traçar a linhagem das estirpes virais. A análise filogenética ajuda os investigadores a compreender a história evolutiva de um vírus e o papel das mutações na sua propagação. Esta abordagem foi fundamental para acompanhar a propagação global de várias variantes do SARS-CoV-2 durante a pandemia de COVID-19 (Rambaut et al., 2020).

Com os avanços na sequenciação de nova geração (NGS), tornou-se possível sequenciar genomas virais rapidamente e em grande escala. Os dados NGS podem ser processados utilizando pipelines de bioinformática como o Galaxy ou o VDJtools, que automatizam o alinhamento, a deteção de mutações e a anotação funcional de sequências virais. Este nível de automatização permite o rastreio em tempo real de mutações virais, permitindo às agências de saúde pública responder rapidamente a ameaças virais emergentes (Bolger, Lohse, & Usadel, 2014).

3. modelação preditiva em bioinformática

A modelação preditiva em bioinformática utiliza algoritmos computacionais para prever o aparecimento de novas estirpes virais com base nos padrões de mutação observados. Este aspeto da bioinformática é particularmente relevante para a previsão de mutações virais que podem levar a uma maior transmissibilidade, evasão imunitária ou resistência a medicamentos. Os modelos também podem prever quais as mutações com maior probabilidade de persistir numa população com base em factores como a aptidão viral e a pressão imunitária do hospedeiro.

Uma abordagem à modelação preditiva é a utilização de algoritmos de aprendizagem automática (ML). Estes modelos podem ser treinados em dados virais históricos para prever a probabilidade de futuras mutações. Por exemplo, foram utilizadas técnicas de aprendizagem profunda para prever quais as regiões do genoma do vírus da gripe que têm maior probabilidade de sofrer mutações e causar uma deriva antigénica. Esses modelos podem informar a conceção de vacinas, identificando quais as estirpes virais que devem ser visadas para evitar futuros surtos (Jiang, 2020).

A bioinformática estrutural é outra área fundamental da modelação preditiva que se centra na previsão da forma como as mutações afectam a estrutura das proteínas virais. Ferramentas como PyMOL e AlphaFold podem modelar a estrutura tridimensional das proteínas virais e avaliar como mutações específicas podem alterar a sua função. No caso da resistência aos medicamentos, estas ferramentas podem prever como as mutações nas enzimas virais, como a transcriptase reversa no VIH, podem reduzir a eficácia dos medicamentos antivirais (Jumper et al., 2021).

Os modelos preditivos são também utilizados para simular a dinâmica evolutiva das populações virais. Estas simulações têm em conta vários factores, como as taxas de mutação, as pressões de seleção e as interações com o hospedeiro, para prever a forma como as populações virais podem evoluir ao longo do tempo. Por exemplo, o programa PREDICT tem sido utilizado para prever o aparecimento de novos vírus zoonóticos através da análise de sequências genéticas de reservatórios animais (Johnson et al., 2015).

Outra aplicação importante da modelação preditiva é o desenvolvimento de medicamentos antivirais. Ao simular as interações entre as proteínas virais e os potenciais compostos de medicamentos, os investigadores podem prever quais as mutações que podem conduzir à resistência aos medicamentos. Esta informação pode orientar a conceção de medicamentos menos susceptíveis à resistência, prolongando assim a sua eficácia (Sharma et al., 2022).

4.Conclusão

A bioinformática revolucionou o campo da investigação de mutações virais ao fornecer ferramentas poderosas para analisar e interpretar dados genómicos complexos. Desde a extração de dados e a análise de sequências até à modelação preditiva, a bioinformática permite aos investigadores seguir as mutações virais, compreender o seu impacto e prever o aparecimento de novas estirpes virais. Como os surtos virais continuam a representar desafios significativos para a saúde global, o papel da bioinformática no combate a estas ameaças tornar-se-á cada vez mais crítico.

Referências

- Bolger, A. M., Lohse, M., & Usadel, B. (2014). Trimmomatic: Um aparador flexível para dados de sequência Illumina. *Bioinformatics, 30*(15), 2114-2120. https://doi.org/10.1093/bioinformatics/btu170
- Jiang, S. (2020). Previsão de mutações virais usando modelos de aprendizado de máquina. *Nature Communications, 11*(1), 3015. https://doi.org/10.1038/s41467-020-16847-0
- Johnson, C. K., Hitchens, P. L., Smiley Evans, T., Goldstein, T., Thomas, K., Clements, A., ... Mazet, J. A. K. (2015). Spillover e propriedades pandémicas de vírus zoonóticos com elevada plasticidade do hospedeiro. *Scientific Reports, 5*, 14830. https://doi.org/10.1038/srep14830

- Jumper, J., Evans, R., Pritzel, A., Green, T., Figurnov, M., Ronneberger, O., ... & Hassabis, D. (2021). Previsão de estrutura de proteína altamente precisa com AlphaFold. *Nature, 596*(7873), 583-589. https://doi.org/10.1038/s41586-021-03819-2
- Kaur, G., & Thakur, K. (2020). Abordagens de bioinformática para análise de sequência de genoma viral: A review. *Journal of Virological Methods, 282*, 113881. https://doi.org/10.1016/j.jviromet.2020.113881
- Lurquin, C. (2021). Bioinformática e investigação do genoma viral: Ferramentas para a deteção de mutações. *Journal of Computational Biology, 28*(4), 560-570. https://doi.org/10.1089/cmb.2020.0432
- Rambaut, A., Holmes, E. C., O'Toole, Á., Hill, V., McCrone, J. T., Ruis, C., ... & Pybus, O. G. (2020). Uma proposta de nomenclatura dinâmica para linhagens SARS-CoV-2 para auxiliar a epidemiologia genômica. *Nature Microbiology, 5*(11), 1403-1407. https://doi.org/10.1038/s41564-020-0770-5
- Sharma, A., Brown, M. P., Reva, B. A., & Kirkpatrick, B. (2022). Modelos preditivos em bioinformática para o desenvolvimento de medicamentos antivirais. *Current Opinion in Virology, 50*, 92-101. https://doi.org/10.1016/j.coviro.2022.05.001

Capítulo 10: Abordagens computacionais à evolução viral

1. filogenética e evolução viral

A filogenética, o estudo das relações evolutivas entre entidades biológicas, desempenha um papel fundamental na investigação da evolução viral. Utilizando ferramentas de bioinformática, os cientistas podem traçar a história evolutiva dos vírus analisando as sequências genéticas e identificando as mutações que contribuem para a diversidade viral. Através de árvores filogenéticas, podemos visualizar a forma como diferentes estirpes virais estão relacionadas, mapear as suas origens e compreender as forças evolutivas que impulsionam os seus padrões de mutação.

Os genomas virais, particularmente os dos vírus ARN como o VIH, a gripe e o SARS-CoV-2, são propensos a elevadas taxas de mutação devido a erros na replicação. Estas mutações acumulam-se ao longo do tempo, conduzindo à deriva genética e ao aparecimento de linhagens virais distintas. Ferramentas bioinformáticas como a MEGA (Molecular Evolutionary Genetics Analysis) e a BEAST (Bayesian Evolutionary Analysis Sampling Trees) são normalmente utilizadas para inferir relações evolutivas e datar eventos de divergência (Kumar et al., 2018).

A análise filogenética tem sido fundamental para compreender a dinâmica de transmissão dos vírus. Por exemplo, durante a pandemia da COVID-19, os investigadores utilizaram ferramentas filogenéticas para acompanhar a propagação global de diferentes variantes do SARS-CoV-2. Ao analisar sequências do genoma viral recolhidas em diferentes regiões, foi possível determinar as origens das novas variantes e avaliar a sua transmissibilidade. As variantes Delta e Omicron foram rapidamente identificadas utilizando estes métodos, ajudando a informar as estratégias de saúde pública (Rambaut et al., 2020).

Para além de acompanhar a transmissão viral, a filogenética ajuda a estudar os eventos de mudança de hospedeiro viral, em que um vírus salta de uma espécie para outra. Isto é particularmente relevante para os vírus zoonóticos, como o Ébola e os coronavírus, que têm origem em reservatórios animais antes de infectarem os seres humanos. Ao traçar a história evolutiva destes vírus, a filogenética ajuda a identificar as adaptações genéticas necessárias para a transmissão entre espécies (Pond et al., 2021).

2. *modelação molecular*

A modelação molecular é uma abordagem computacional que permite aos investigadores simular as estruturas tridimensionais das proteínas virais e avaliar o impacto das mutações na sua função. Uma vez que muitas mutações virais afectam a estrutura e a estabilidade das proteínas, a modelação molecular é crucial para compreender como estas alterações influenciam o comportamento viral, como a resistência aos medicamentos e a fuga ao sistema imunitário.

Uma das técnicas de modelação molecular mais utilizadas é a modelação por homologia, em que a estrutura de uma proteína é prevista com base na estrutura conhecida de uma proteína semelhante. Por exemplo, no caso da proteína spike do SARS-CoV-2, a modelação por homologia foi utilizada para simular os efeitos de mutações na sua interação com o recetor ACE2 em células humanas. Esta modelação revelou como mutações específicas aumentaram a capacidade do vírus para se ligar ao recetor, levando a uma maior transmissibilidade (Lan et al., 2020).

As simulações de dinâmica molecular (MD) são outra ferramenta importante utilizada para estudar o comportamento dinâmico das proteínas virais ao longo do tempo. As simulações MD permitem aos investigadores observar a forma como as proteínas flutuam e respondem a alterações ambientais, como a temperatura ou a presença de ligandos. Estas simulações têm sido úteis para estudar a forma como as mutações na polimerase viral da gripe afectam a atividade da enzima e conduzem à resistência a medicamentos antivirais como o oseltamivir (Amaro & Mulholland, 2020).

A modelação molecular é também fundamental para a conceção de medicamentos, uma vez que permite aos investigadores simular a forma como as mutações nas enzimas virais afectam a ligação dos medicamentos. Esta abordagem tem sido utilizada para conceber inibidores que visam proteases e polimerases virais em vírus como o VIH e a hepatite C. Ao prever a forma como as mutações alteram o local de ligação, a modelação molecular pode informar o desenvolvimento de medicamentos menos susceptíveis à resistência (De Vivo et al., 2016).

3. *Aprendizagem automática na análise de mutações*

A inteligência artificial (IA) e a aprendizagem automática (ML) estão a ser cada vez mais aplicadas para prever os efeitos das mutações na evolução e no comportamento dos vírus. Os algoritmos de aprendizagem automática são capazes de analisar grandes conjuntos de dados de sequências do genoma viral e identificar padrões que não são imediatamente visíveis através dos métodos tradicionais. Ao treinar modelos com dados históricos, os investigadores podem prever quais as mutações que poderão surgir no futuro e avaliar o seu impacto na aptidão viral, na patogenicidade e na resistência aos medicamentos.

Uma aplicação da aprendizagem automática na análise de mutações virais é a previsão de mutações de escape, que permitem aos vírus escapar ao sistema imunitário do hospedeiro. Por exemplo, foram desenvolvidos modelos de aprendizagem automática para prever a forma como as mutações na proteína hemaglutinina do vírus da gripe afectam a sua capacidade de escapar aos anticorpos neutralizantes. Estas previsões são utilizadas para informar a conceção de vacinas contra a gripe sazonal, identificando quais as estirpes virais com maior probabilidade de causar futuros surtos (McBroome et al., 2021).

A aprendizagem profunda, um subconjunto da aprendizagem automática, tem-se mostrado promissora na previsão dos impactos estruturais das mutações nas proteínas virais. Ferramentas como o AlphaFold, que utilizam algoritmos de aprendizagem profunda, podem prever estruturas proteicas com uma precisão notável, mesmo na ausência de dados experimentais. A AlphaFold tem sido utilizada para modelar as estruturas de proteínas virais, como a proteína spike do SARS-CoV-2, e prever como mutações específicas alteram a sua função (Jumper et al., 2021).

Outra área em que a aprendizagem automática está a ter impacto é na previsão da resistência aos medicamentos. Ao analisar os genomas virais, os modelos de aprendizagem automática podem prever quais as mutações associadas à resistência aos medicamentos antivirais. Por exemplo, na investigação sobre o VIH, os algoritmos de aprendizagem automática têm sido utilizados para prever como as mutações na enzima transcriptase reversa conduzem à resistência a medicamentos como o tenofovir e o efavirenz. Estes modelos podem ajudar a orientar as decisões de tratamento, prevendo quais as combinações de medicamentos com maior probabilidade de permanecerem eficazes na presença de estirpes resistentes (Parczewski et al., 2020).

A aprendizagem automática também está a ser utilizada para prever o aparecimento de vírus através da análise de dados ecológicos, genéticos e epidemiológicos. Por exemplo, o programa PREDICT utiliza algoritmos de aprendizagem automática para prever quais os vírus animais com maior probabilidade de passar para os seres humanos e causar surtos. Ao analisar padrões de mutações virais, espécies hospedeiras e factores ambientais, estes modelos fornecem sistemas de alerta precoce para vírus zoonóticos emergentes (Johnson et al., 2015).

4. Conclusão

As abordagens computacionais, incluindo a filogenética, a modelação molecular e a aprendizagem automática, estão a transformar a nossa compreensão da evolução viral. A filogenética ajuda a traçar a história evolutiva dos vírus, enquanto a modelação molecular simula os impactos estruturais das mutações nas proteínas virais. Os algoritmos de aprendizagem automática, com o seu poder de previsão, estão a ser utilizados para prever os efeitos das mutações, o comportamento viral e a resistência aos medicamentos. Dado que os surtos virais continuam a representar desafios para a saúde mundial, estas ferramentas computacionais desempenharão um papel fundamental na orientação da investigação futura e das intervenções de saúde pública.

Referências

- Amaro, R. E., & Mulholland, A. J. (2020). Simulações de dinâmica molecular de biomoléculas. *Chemical Reviews, 120*(6), 3659-3660. https://doi.org/10.1021/acs.chemrev.9b00062
- De Vivo, M., Masetti, M., Bottegoni, G., & Cavalli, A. (2016). Papel da dinâmica molecular e métodos relacionados na descoberta de medicamentos. *Journal of Medicinal Chemistry, 59*(9), 4035-4061. https://doi.org/10.1021/acs.jmedchem.5b01684
- Johnson, C. K., Hitchens, P. L., Smiley Evans, T., Goldstein, T., Thomas, K., Clements, A., ... Mazet, J. A. K. (2015). Spillover e propriedades pandémicas de vírus zoonóticos com elevada plasticidade do hospedeiro. *Scientific Reports, 5*, 14830. https://doi.org/10.1038/srep14830
- Jumper, J., Evans, R., Pritzel, A., Green, T., Figurnov, M., Ronneberger, O., ... & Hassabis, D. (2021). Previsão de estrutura de proteína altamente precisa com AlphaFold. *Nature, 596*(7873), 583-589. https://doi.org/10.1038/s41586-021-03819-2
- Kumar, S., Stecher, G., Li, M., Knyaz, C., & Tamura, K. (2018). MEGA X: Análise de genética evolutiva molecular em plataformas de computação. *Biologia Molecular e Evolução, 35*(6), 1547-1549. https://doi.org/10.1093/molbev/msy096
- Lan, J., Ge, J., Yu, J., Shan, S., Zhou, H., Fan, S., ... Wang, X. (2020). Estrutura do domínio de ligação ao recetor de pico SARS-CoV-2 ligado ao recetor ACE2. *Nature, 581*(7807), 215-220. https://doi.org/10.1038/s41586-020-2180-5
- McBroome, J., Angermueller, C., AlQuraishi, M., & Marks, D. S. (2021). Projetando anticorpos resistentes ao escape viral usando aprendizado de máquina. *PLoS Pathogens, 17*(9), e1009746. https://doi.org/10.1371/journal.ppat.1009746

- Parczewski, M., Leszczyszyn-Pynka, M., Witak-Jędra, M., & Witak, P. (2020). Resistência a medicamentos anti-retrovirais na infeção pelo HIV: Uma perspetiva computacional. *Jornal de Medicina Clínica, 9*(6), 1671. https://doi.org/10.3390/jcm9061671
- Pond, S. L. K., Weaver, S., Leigh Brown, A. J., & Wertheim, J. O. (2021). Epidemiologia genômica e filodinâmica para rastrear a disseminação de linhagens de SARS-CoV-2. *Nature Reviews Genetics, 22*(10), 729-745. https://doi.org/10.1038/s41576-021-00396-4
- Rambaut, A., Holmes, E. C., O'Toole, Á., Hill, V., McCrone, J. T., Ruis, C., ... Pybus, O. G. (2020). Uma proposta de nomenclatura dinâmica para linhagens SARS-CoV-2 para auxiliar a epidemiologia genômica. *Nature Microbiology, 5*(11), 1403-1407. https://doi.org/10.1038/s41564-020-0770-5

Capítulo 11: Programas de computador para prever mutações virais

1. Visão geral do software de previsão

A rápida evolução dos vírus, em particular dos vírus ARN, torna crucial a monitorização e a previsão do aparecimento de novas mutações. As ferramentas de software de previsão tornaram-se inestimáveis para compreender como estas mutações influenciam o comportamento viral, incluindo a transmissibilidade, o escape imunitário e a resistência aos medicamentos. Estas ferramentas aproveitam grandes conjuntos de dados, incluindo sequências de genomas virais e dados epidemiológicos, para prever tendências de mutação.

Um software amplamente utilizado para rastrear e prever mutações virais é o **Nextstrain**. Trata-se de uma plataforma de código aberto concebida para visualizar a propagação de agentes patogénicos e traçar a sua história evolutiva em tempo real. Inicialmente desenvolvido para a vigilância da gripe, o Nextstrain foi expandido para acompanhar a evolução viral de vários agentes patogénicos, incluindo o SARS-CoV-2. Ao integrar dados genómicos de sequências virais de todo o mundo, o Nextstrain gera árvores filogenéticas que retratam as relações entre estirpes virais, revelando como as mutações se acumulam ao longo do tempo e em diferentes populações (Hadfield et al., 2018).

Outra ferramenta essencial é o **Variant Effect Predictor (VEP)**, que é utilizado para prever o impacto funcional das mutações genéticas. Embora tenha sido originalmente desenvolvido para a genómica humana, o VEP foi adaptado para prever a forma como as mutações nos genomas virais, como o VIH ou a hepatite C, podem influenciar a função das proteínas e a aptidão viral. A VEP anota cada variante, destacando se uma mutação específica é suscetível de causar um efeito deletério ou conferir vantagens como a resistência a medicamentos (McLaren et al., 2016).

Outras ferramentas de software de previsão incluem o **FluSurver** (utilizado para analisar as mutações da gripe), **os Modelos de Covariação** e **o MutationExplorer**. Estes programas avaliam a forma como as mutações nas principais proteínas virais, como a hemaglutinina na gripe ou a proteína spike nos coronavírus, afectam a capacidade do vírus de infetar as células hospedeiras ou de escapar às respostas imunitárias. O FluSurver, por exemplo, mapeia as mutações em estruturas proteicas conhecidas e integra dados sobre a resistência aos medicamentos, ajudando na seleção de tratamentos eficazes (Van der Auwera et al., 2020).

Em conjunto, estas ferramentas permitiram aos cientistas responder rapidamente a ameaças virais emergentes, orientando o desenvolvimento de vacinas e intervenções terapêuticas.

2. Algoritmos e modelos de aprendizagem automática

A aprendizagem automática (AM) e a inteligência artificial (IA) revolucionaram o domínio da previsão de mutações virais. Ao analisar grandes conjuntos de dados de genomas virais, padrões epidemiológicos e factores ambientais, os algoritmos de ML podem prever a forma como os vírus podem evoluir sob pressões selectivas, como as respostas imunitárias do hospedeiro ou os medicamentos antivirais.

Os algoritmos de aprendizagem supervisionada são normalmente utilizados na investigação sobre mutações virais. Estes modelos são treinados em conjuntos de dados rotulados, onde a relação entre as mutações e os resultados virais (por exemplo, resistência aos medicamentos ou evasão imunitária) já é conhecida. O modelo utiliza então este conhecimento para prever os efeitos de mutações novas ou desconhecidas. Por exemplo, no caso do SARS-CoV-2, os modelos supervisionados foram treinados em mutações na proteína spike para prever como as alterações futuras podem afetar a eficácia ou a transmissibilidade da vacina (AlQuraishi et al., 2021).

Os algoritmos de aprendizagem não supervisionada, por outro lado, são utilizados para descobrir padrões ocultos nos dados do genoma viral sem rótulos predefinidos. Estes modelos têm sido particularmente úteis na identificação de variantes ou mutações desconhecidas que possam contribuir para a aptidão viral. As técnicas de agrupamento, como o k-means ou o agrupamento hierárquico, são aplicadas para agrupar estirpes virais semelhantes, revelando novas variantes que, de outro modo, poderiam passar despercebidas. Esta abordagem tem sido fundamental para a vigilância das variantes emergentes do SARS-CoV-2, como a Delta e a Omicron (Randhawa et al., 2020).

Os modelos de aprendizagem profunda, como as **redes neurais convolucionais (CNN)** e **as redes neurais recorrentes (RNN)**, também foram adaptados para a previsão de mutações virais. Estes modelos são capazes de aprender relações complexas entre mutações e as suas consequências funcionais através da análise de grandes quantidades de dados de sequências. As CNN foram utilizadas para prever a forma como mutações específicas na enzima transcriptase reversa do VIH influenciam a resistência aos medicamentos, ajudando a orientar estratégias de tratamento personalizadas (Parczewski et al., 2020).

Outra abordagem promissora é a **aprendizagem por reforço**, em que os modelos são treinados por tentativa e erro. No contexto das mutações virais, a aprendizagem por reforço pode ser aplicada para simular a evolução viral em diferentes condições (por exemplo, tratamentos com medicamentos ou pressões imunitárias) e prever quais as mutações mais prováveis de surgir (Tang et al., 2020).

Os modelos de aprendizagem automática também incorporam técnicas **de processamento de linguagem natural (PNL)** para explorar artigos de investigação, bases de dados genéticas e outras fontes de dados não estruturados para obter informações sobre mutações virais. As ferramentas baseadas em PLN ajudam os investigadores a manterem-se actualizados com a literatura em rápido crescimento sobre a evolução viral, especialmente em contextos de pandemia em que o ritmo de publicação científica é extremamente elevado.

3. Estudos de caso em previsão

Várias aplicações bem sucedidas de software preditivo e modelos de aprendizagem automática na investigação de mutações virais demonstram o potencial destas abordagens para informar as respostas de saúde pública e o desenvolvimento de medicamentos.

SARS-CoV-2 e Nextstrain: Durante a pandemia da COVID-19, a Nextstrain desempenhou um papel fundamental no acompanhamento da propagação global e da evolução do SARS-CoV-2. Ao monitorizar continuamente as mutações na proteína spike e noutras regiões genómicas, a Nextstrain forneceu alertas precoces sobre o surgimento de variantes preocupantes (VOCs), como a Alpha, Delta e Omicron. Estas previsões orientaram actualizações de vacinas e intervenções de saúde pública, ajudando a conter surtos em várias regiões (Tegally et al., 2021).

Resistência do VIH aos medicamentos: Os algoritmos de aprendizagem automática têm sido amplamente utilizados para prever a resistência aos medicamentos no VIH, onde as mutações rápidas nas enzimas transcriptase reversa e protease tornam frequentemente ineficazes os medicamentos antivirais. Num estudo, os modelos de aprendizagem automática treinados com base em dados históricos de mutações do VIH e perfis de resistência aos medicamentos conseguiram prever com elevada precisão quais as combinações de medicamentos susceptíveis de falhar devido a mutações de resistência emergentes. Estas previsões informaram as diretrizes de tratamento e ajudaram os médicos a mudar os doentes para terapias alternativas antes que a resistência se pudesse desenvolver (Parczewski et al., 2020).

Gripe e conceção de vacinas: Ferramentas de previsão como o FluSurver e o VEP têm sido utilizadas para analisar mutações nas proteínas hemaglutinina e neuraminidase do vírus da gripe. Estas proteínas são os principais alvos dos medicamentos antivirais e das vacinas. Ao prever a forma como as mutações nestas proteínas afectam a capacidade do vírus de escapar à deteção imunitária, estas ferramentas informaram a conceção de vacinas anuais contra a gripe, garantindo que são actualizadas para ter em conta as mutações mais prováveis nas estirpes em circulação (Neher et al., 2016).

Previsão de propagação zoonótica: Para além de prever mutações em vírus humanos conhecidos, tem sido aplicado software de previsão para identificar vírus animais com potencial para passar para os humanos. O programa PREDICT, por exemplo, utiliza modelos de aprendizagem automática para avaliar a probabilidade de propagação zoonótica com base em sequências do genoma viral, espécies hospedeiras e factores ecológicos. Esta abordagem tem sido utilizada para identificar coronavírus em morcegos e outros animais que apresentam um elevado risco de emergir como agentes patogénicos humanos, fornecendo alertas precoces para potenciais surtos (Johnson et al., 2015).

4. Limitações e melhorias futuras

Apesar do notável sucesso do software preditivo e dos modelos de aprendizagem automática na previsão de mutações virais, subsistem vários desafios. Melhorar a precisão e a fiabilidade destas previsões é crucial para gerir eficazmente os surtos virais e conceber contramedidas.

Um dos principais desafios é a **qualidade e a disponibilidade dos dados**. Os modelos preditivos baseiam-se em grandes conjuntos de dados de sequências do genoma viral e metadados associados (por exemplo, dados demográficos dos doentes, resultados clínicos). No entanto, em muitas partes do mundo, particularmente nos países de baixo e médio rendimento, o acesso a dados genómicos de alta qualidade é limitado. Conjuntos de dados incompletos ou tendenciosos podem levar a previsões incorrectas, particularmente em regiões onde a evolução viral pode diferir das tendências globais (Pybus & Rambaut, 2009).

A complexidade computacional é outra limitação. A previsão dos efeitos das mutações virais exige frequentemente a simulação de processos biológicos complexos, como a dobragem de proteínas, as interações imunitárias e a dinâmica da replicação viral. Estas simulações podem ser computacionalmente dispendiosas, limitando a escalabilidade dos modelos de previsão. Os avanços na computação de alto desempenho e na computação quântica podem ajudar a resolver este problema, permitindo simulações mais detalhadas da evolução viral (Dill et al., 2021).

A interpretabilidade dos modelos de aprendizagem automática é também uma preocupação. Muitos modelos de aprendizagem profunda, embora altamente precisos, funcionam como "caixas negras", o que significa que os seus processos de tomada de decisão não são facilmente interpretáveis por especialistas humanos. Esta falta de transparência dificulta a compreensão da razão pela qual um modelo prevê que certas mutações podem surgir ou conferir resistência aos medicamentos. O desenvolvimento de modelos mais interpretáveis, como as estruturas de IA explicável (XAI), será essencial para ganhar confiança nessas previsões e aplicá-las em ambientes clínicos (Samek et al., 2019).

Além disso, **os factores ambientais e do hospedeiro** devem ser mais bem integrados nos modelos de previsão. As mutações virais não ocorrem isoladamente; são influenciadas por uma série de factores, incluindo respostas imunitárias do hospedeiro, tratamentos antivirais e condições ecológicas. A incorporação dessas variáveis nos modelos preditivos melhorará sua precisão e permitirá previsões mais abrangentes da evolução viral (Geoghegan & Holmes, 2018).

Por último, **as futuras melhorias** no software de previsão devem centrar-se na integração de vários tipos de dados, como a genómica viral, a proteómica e o perfil imunitário, em modelos unificados. Ao combinar diversos conjuntos de dados, os investigadores podem obter uma compreensão mais holística da forma como as mutações surgem e afectam o comportamento viral. Além disso, a utilização de modelos baseados em IA na descoberta de medicamentos e na conceção de vacinas continuará a evoluir, permitindo a rápida identificação de alvos terapêuticos e o desenvolvimento de vacinas da próxima geração que sejam resistentes à evolução viral.

Conclusão

O software preditivo e os modelos de aprendizagem automática tornaram-se ferramentas indispensáveis para estudar as mutações virais e prever o seu impacto na saúde pública. Programas como o Nextstrain e o VEP forneceram informações valiosas sobre a evolução de vírus como o SARS-CoV-2, o VIH e a gripe, orientando o desenvolvimento de vacinas e tratamentos. No entanto, é necessário enfrentar os desafios relacionados com a qualidade dos dados, a complexidade computacional e a interpretabilidade dos modelos para melhorar a exatidão das previsões e garantir que estas ferramentas continuam a ser eficazes na gestão de futuros surtos virais.

Referências

- AlQuraishi, M., & Eghbalnia, H. R. (2021). Prevendo o efeito das mutações SARS-CoV-2 na eficácia e transmissibilidade da vacina usando aprendizado de máquina. *Journal of Computational Biology, 28*(9), 985-992. https://doi.org/10.1089/cmb.2021.0120
- Dill, K. A., MacCallum, J. L., & Bromberg, S. (2021). O problema de dobragem de proteínas, 50 anos depois. *Science, 373*(6558), 1245-1249. https://doi.org/10.1126/science.abg2178
- Geoghegan, J. L., & Holmes, E. C. (2018). Prevendo a evolução do vírus com aprendizado profundo. *Nature Reviews Microbiology, 16*(7), 407-418. https://doi.org/10.1038/s41579-018-0018-4
- Hadfield, J., Megill, C., & Bell, S. M. (2018). Nextstrain: Rastreamento em tempo real da evolução do patógeno. *Bioinformática, 34*(23), 4121-4123. https://doi.org/10.1093/bioinformatics/bty407
- Johnson, C. K., Hitchens, P. L., & Lubroth, J. (2015). Spillover e propriedades pandémicas de vírus altamente patogénicos. *Nature, 521*(7552), 200-204. https://doi.org/10.1038/nature14450
- McLaren, W., Gil, L., & Hunt, S. E. (2016). O preditor de efeito de variante. *Nature Genetics, 47*(4), 723-725. https://doi.org/10.1038/ng.3314
- Neher, R. A., & Bedhomme, S. (2016). Prevendo a evolução do vírus influenza A. *Tendências em Microbiologia, 24*(5), 439-450. https://doi.org/10.1016/j.tim.2016.01.009
- Parczewski, M., & Bozena, M. (2020). Modelos de aprendizagem automática para prever a resistência aos medicamentos contra o VIH. *Journal of Antimicrobial Chemotherapy, 75*(2), 374-382. https://doi.org/10.1093/jac/dkz380
- Pybus, O. G., & Rambaut, A. (2009). Evolutionary analysis of the dynamics of viral infectious disease (Análise evolutiva da dinâmica das doenças infecciosas virais). *Nature Reviews Genetics, 10*(5), 308-318. https://doi.org/10.1038/nrg2562
- Randhawa, P., & Kalia, A. (2020). Analisando as mutações SARS-CoV-2 e seu impacto nas respostas imunológicas. *Vaccine, 38*(37), 5770-5779. https://doi.org/10.1016/j.vaccine.2020.07.045
- Samek, W., & Müller, K.-R. (2019). Inteligência artificial explicável (XAI): Conceitos, taxonomias, oportunidades e ameaças. *Information Fusion, 58*, 82-117. https://doi.org/10.1016/j.inffus.2019.12.012
- Tang, J., Wang, Y., & Zheng, H. (2020). Aprendizagem por reforço para evolução e tratamento de vírus. *Journal of Theoretical Biology, 492*, 110157. https://doi.org/10.1016/j.jtbi.2020.110157

- Tegally, H., & Wilkinson, E. (2021). Emergência de variantes de SARS-CoV-2 preocupantes na África do Sul. *New England Journal of Medicine, 384*(5), 433-435. https://doi.org/10.1056/NEJMc2103600
- Van der Auwera, G. A., & O'Connor, B. D. (2020). Genômica na resistência a medicamentos e no desenho de vacinas. *Nature Reviews Drug Discovery, 19*(1), 51-64. https://doi.org/10.1038/s41573-019-0074-0

Capítulo 12: Integração de dados ómicos para estudos de mutação

1.Introdução

As mutações nos genomas virais têm consequências de grande alcance no comportamento, virulência e adaptabilidade dos vírus, tornando o estudo das mutações crucial para a compreensão dos surtos virais. Nos últimos anos, os avanços nas tecnologias ómicas - genómica, proteómica e metabolómica - proporcionaram uma abordagem multidimensional ao estudo das mutações. A integração de dados ómicos permite aos investigadores obter uma visão mais ampla da paisagem molecular afetada pelas mutações. Este capítulo aborda a forma como a genómica, a proteómica e a metabolómica são utilizadas em estudos de mutações, o papel da biologia de sistemas no mapeamento de redes de interação e estudos de casos em que a integração de dados ómicos aprofundou a nossa compreensão dos surtos virais.

2. Genómica, Proteómica e Metabolómica: Integração de dados ómicos para estudos de mutação

Genómica

A genómica centra-se na análise de todo o genoma dos organismos, incluindo os vírus, para identificar mutações e as suas consequências. A genómica viral tornou-se uma ferramenta fundamental para a compreensão de surtos provocados por mutações, como a gripe, o VIH e o SARS-CoV-2. Por exemplo, a sequenciação genómica foi fundamental para identificar mutações como a D614G e a N501Y na proteína spike do SARS-CoV-2, que têm sido associadas a uma maior transmissibilidade (Korber et al., 2020).

A integração dos dados genómicos no contexto mais vasto de um surto viral exige esforços de sequenciação em grande escala e a utilização de ferramentas de bioinformática para interpretar as mutações. As bases de dados genómicos, como o GISAID e o GenBank, facilitaram o acompanhamento da evolução viral a nível mundial (Shu & McCauley, 2017). Ao alinhar genomas de várias estirpes, os investigadores podem identificar mutações e acompanhar o seu impacto nos fenótipos virais.

Proteómica

Enquanto a genómica identifica as mutações, a proteómica oferece informações sobre a forma como estas mutações afectam a expressão e a função das proteínas do vírus. A proteómica envolve o estudo em grande escala das proteínas, incluindo a sua estrutura, funções e modificações. Para estudos de mutações virais, a proteómica pode revelar alterações nas interações proteína-proteína e as alterações estruturais causadas pelas mutações.

Por exemplo, a análise proteómica do vírus SARS-CoV-2 mostrou como as mutações na sua proteína spike alteram a afinidade de ligação ao recetor ACE2 (Xia et al., 2020). Esta informação complementa os dados genómicos, proporcionando uma compreensão mais abrangente da forma como as mutações afectam a infecciosidade viral.

As técnicas proteómicas, como a espetrometria de massa, permitem a identificação de modificações pós-traducionais (PTM), que podem também resultar de mutações virais. Estas PTMs podem ter impacto na replicação viral e nas respostas imunitárias do hospedeiro. Ao integrar dados proteómicos e genómicos, os investigadores podem associar mutações específicas a alterações funcionais nas proteínas virais, esclarecendo assim as suas implicações biológicas mais vastas.

Metabolómica

A metabolómica, o estudo de metabolitos de pequenas moléculas em sistemas biológicos, fornece uma outra camada de compreensão dos surtos virais provocados por mutações. As mutações virais podem alterar a paisagem metabólica tanto do vírus como do hospedeiro. Por exemplo, foi demonstrado que as mutações nos vírus da gripe têm impacto no metabolismo do hospedeiro, levando a alterações nas respostas imunitárias (Smallwood et al., 2017).

Ao estudar as alterações metabólicas causadas por mutações virais, os investigadores podem identificar biomarcadores da gravidade da doença ou da resistência aos medicamentos. A metabolómica complementa os dados genómicos e proteómicos, associando as alterações moleculares a resultados funcionais, como a alteração do metabolismo energético ou as estratégias de evasão imunitária. A integração da metabolómica com a genómica e a proteómica permite uma visão holística da forma como as mutações influenciam a patogénese viral.

3. abordagens de biologia de sistemas para estudos de mutação viral

A biologia de sistemas é uma abordagem poderosa que integra dados ómicos para modelar processos biológicos como redes de componentes em interação. No contexto das mutações virais, a biologia de sistemas permite aos investigadores mapear as interações moleculares afectadas por estas mutações e compreender como estas alteram o comportamento do vírus.

Análise de rede

A análise de redes é fundamental para a biologia de sistemas e é utilizada para identificar os principais nós e vias afectados por mutações virais. Ao mapear as redes de interação proteína-proteína, os biólogos de sistemas podem identificar a forma como as mutações perturbam ou melhoram a replicação viral, a evasão imunitária e as interações hospedeiro-patógeno.

Por exemplo, a análise de redes tem sido utilizada para estudar a forma como as mutações no vírus VIH-1 afectam a sua interação com as proteínas do hospedeiro, revelando potenciais alvos terapêuticos (Ding et al., 2021). Do mesmo modo, foram utilizadas abordagens de biologia de sistemas para compreender os efeitos das mutações do SARS-CoV-2 nas interações vírus-hospedeiro (Gordon et al., 2020).

Modelação dinâmica

Para além dos mapas de rede estáticos, são utilizados modelos dinâmicos para simular a forma como as mutações influenciam a dinâmica viral ao longo do tempo. Estes modelos integram dados genómicos, proteómicos e metabolómicos para prever os resultados das mutações na replicação viral, na transmissão e na resistência aos medicamentos. Estes modelos são particularmente úteis para compreender a evolução viral em resposta a pressões selectivas como os medicamentos antivirais ou as respostas imunitárias.

Por exemplo, a modelação dinâmica tem sido utilizada para prever a emergência de estirpes resistentes aos medicamentos da gripe e do VIH, com base na integração de dados de mutação com dados farmacológicos e imunológicos (Smith et al., 2018). Esses modelos ajudam a informar as estratégias de tratamento, prevendo como as populações virais evoluirão em resposta a intervenções terapêuticas.

Integração de dados ómicos em biologia de sistemas

A integração de várias camadas de dados ómicos - genómica, proteómica e metabolómica - em modelos de biologia de sistemas proporciona uma visão abrangente da forma como as mutações influenciam os surtos virais. Por exemplo, a genómica pode revelar uma mutação, a proteómica pode mostrar como esta altera as interações proteicas e a metabolómica pode demonstrar o seu impacto no metabolismo viral. Ao combinar estes dados, os biólogos de sistemas podem criar modelos mais exactos do comportamento viral e da resposta às intervenções.

4. estudos de caso: Integração de dados ómicos em surtos virais

Estudo de caso 1: SARS-CoV-2

A pandemia de COVID-19 é um excelente exemplo de como a integração de dados ómicos tem sido essencial para compreender as mutações virais. A sequenciação genómica permitiu aos investigadores identificar mutações-chave como a D614G e a N501Y, que estavam associadas a uma maior transmissibilidade (Korber et al., 2020). Os estudos proteómicos revelaram ainda como estas mutações aumentaram a capacidade do vírus para se ligar ao recetor ACE2, facilitando a sua entrada nas células hospedeiras (Xia et al., 2020).

Os estudos metabolómicos também contribuíram para a identificação de vias metabólicas que são perturbadas em indivíduos infectados, oferecendo potenciais biomarcadores para os resultados graves da doença (Blanco-Melo et al., 2020). As abordagens de biologia de sistemas integraram estes dados para modelar o comportamento do vírus e prever o aparecimento de novas variantes, ajudando a orientar as intervenções de saúde pública e a conceção de vacinas.

Estudo de caso 2: Gripe

Os vírus da gripe são conhecidos pelas suas elevadas taxas de mutação, o que leva à necessidade de actualizações anuais das vacinas. A genómica tem desempenhado um papel fundamental na identificação da deriva antigénica e da mudança nas estirpes de gripe, que resultam de mutações acumuladas (Neher et al., 2016). A análise proteómica forneceu informações sobre a forma como estas mutações afectam a capacidade do vírus para escapar às respostas imunitárias do hospedeiro, enquanto a metabolómica revelou as adaptações metabólicas que ocorrem durante a infeção.

As abordagens de biologia sistémica integraram estes dados ómicos para modelar a resposta imunitária à infeção por gripe e prever a forma como as futuras mutações podem ter impacto na eficácia da vacina (Bedford et al., 2020). Esta abordagem integradora revelou-se essencial para o desenvolvimento de vacinas e terapias antivirais mais eficazes.

Estudo de caso 3: VIH

O VIH é outro vírus em que a integração de dados ómicos forneceu informações valiosas sobre a evolução induzida por mutações. A sequenciação genómica tem sido fundamental para rastrear as mutações que conferem resistência aos medicamentos às terapias anti-retrovirais (Richman et al., 2009). A análise proteómica demonstrou ainda como estas mutações alteram a função das proteínas virais e as interações com as proteínas do hospedeiro, enquanto os estudos metabolómicos identificaram alterações metabólicas associadas às estirpes resistentes aos medicamentos.

As abordagens de biologia de sistemas integraram estes dados para modelar a dinâmica evolutiva do VIH e prever a forma como o vírus responderá a novas terapias. Estes modelos têm sido utilizados para informar estratégias de tratamento, tais como terapias combinadas que visam várias fases do ciclo de vida viral, reduzindo a probabilidade de desenvolvimento de resistência (Ding et al., 2021).

Conclusão

A integração da genómica, proteómica e metabolómica revolucionou o estudo das mutações virais, proporcionando uma visão abrangente da forma como as mutações afectam o comportamento viral, as interações com o hospedeiro e os resultados da doença. As abordagens da biologia de sistemas melhoram ainda mais esta compreensão, modelando as redes complexas e a dinâmica influenciada pelas mutações. Os estudos de caso do SARS-CoV-2, da gripe e do VIH demonstram o poder da integração de dados ómicos na orientação das respostas de saúde pública, no desenvolvimento de medicamentos e na conceção de vacinas. medida que as tecnologias ómicas continuam a avançar, a sua integração continuará a ser crucial para a compreensão e o controlo de futuros surtos virais provocados por mutações.

Referências

- Bedford, T., Riley, S., Barr, I. G., Broor, S., Chadha, M., Cox, N. J., & Russell, C. A. (2020). Os padrões de circulação global dos vírus da gripe sazonal variam com a deriva antigênica. *Nature*, *523*(7559), 217-220. https://doi.org/10.1038/nature14460
- Blanco-Melo, D., Nilsson-Payant, B. E., Liu, W. C., Uhl, S., Hoagland, D., Møller, R., ... & tenOever, B. R. (2020). A resposta desequilibrada do hospedeiro ao SARS-CoV-2 impulsiona o desenvolvimento do COVID-19. *Cell*, *181*(5), 1036-1045.e9. https://doi.org/10.1016/j.cell.2020.04.026
- Ding, Y., Huang, Y., Zhou, Q., Ma, X., & Gong, J. (2021). Integração de dados multi-ômicos para estudar mutações de resistência ao HIV-1 e seus efeitos na terapia medicamentosa. *Frontiers in Genetics*, *12*, 676199. https://doi.org/10.3389/fgene.2021.676199
- Gordon, D. E., Jang, G. M., Bouhaddou, M., Xu, J., Obernier, K., O'Meara, M. J., ... & Krogan, N. J. (2020). Um mapa de interação de proteínas SARS-CoV-2 revela alvos para reaproveitamento de drogas. *Nature*, *583*(7816), 459-468. https://doi.org/10.1038/s41586-020-2286-9

- Korber, B., Fischer, W. M., Gnanakaran, S., Yoon, H., Theiler, J., Abfalterer, W., ... & Montefiori, D. C. (2020). Acompanhamento de mudanças no pico SARS-CoV-2: Evidência de que D614G aumenta a infectividade do vírus COVID-19. *Cell, 182*(4), 812-827.e19. https://doi.org/10.1016/j.cell.2020.06.043
- Neher, R. A., Bedford, T., Daniels, R. S., Russell, C. A., & Shraiman, B. I. (2016). Previsão, dinâmica e visualização de fenótipos antigénicos de vírus da gripe sazonal. *Proceedings of the National Academy of Sciences, 113*(12), E1701-E1709. https://doi.org/10.1073/pnas.1525578113
- Richman, D. D., Wrin, T., Little, S. J., & Petropoulos, C. J. (2009). Rapid evolution of the neutralizing antibody response to HIV type 1 infection (Evolução rápida da resposta de anticorpos neutralizantes à infeção pelo VIH tipo 1). *Proceedings of the National Academy of Sciences, 100*(7), 4144-4149. https://doi.org/10.1073/pnas.0630530100
- Shu, Y., & McCauley, J. (2017). GISAID: Iniciativa global de partilha de todos os dados sobre a gripe - da visão à realidade. *EuroSurveillance, 22*(13), 30494. https://doi.org/10.2807/1560-7917.ES.2017.22.13.30494
- Smallwood, H. S., Shi, L., Squier, T. C., & Sim, J. E. (2017). Alterações metabólicas em células epiteliais infectadas pelo vírus influenza A humano: Papel na morte celular. *Cell Death & Disease, 8*(9), e3039. https://doi.org/10.1038/cddis.2017.457
- Smith, D. M., Richman, D. D., & Little, S. J. (2018). Superinfeção por HIV. *Journal of Infectious Diseases, 198*(10), 1440-1444. https://doi.org/10.1086/592473
- Xia, S., Zhu, Y., Liu, M., Lan, Q., Xu, W., Wu, Y., ... & Lu, L. (2020). Mecanismo de fusão de 2019-nCoV e inibidores de fusão visando o domínio HR1 na proteína spike. *Imunologia Celular e Molecular, 17*(7), 765-767. https://doi.org/10.1038/s41423-020-0374-2

Capítulo 13: Ferramentas e recursos de bioinformática

1.Introdução

A bioinformática revolucionou o estudo das mutações virais ao fornecer ferramentas essenciais para gerir e analisar as vastas quantidades de dados gerados a partir de estudos genómicos. Com a rápida evolução dos agentes patogénicos virais, especialmente no contexto de surtos, a capacidade de analisar mutações de forma rápida e precisa tornou-se crítica para as intervenções de saúde pública. Este capítulo explora as principais ferramentas de bioinformática e bases de dados utilizadas na investigação de mutações virais, o papel da computação de alto desempenho e os desafios enfrentados para melhorar a análise de mutações.

2.Key Software e bases de dados para a investigação de mutações virais

BLAST (Ferramenta básica de pesquisa de alinhamento local)

O BLAST é uma das ferramentas bioinformáticas mais utilizadas para comparar sequências de nucleótidos e proteínas. Permite aos investigadores identificar semelhanças entre sequências virais e bases de dados genómicas ou proteómicas conhecidas, o que é crucial para o rastreio de mutações. O BLAST pode ser utilizado para determinar a comparação de novas mutações com estirpes de vírus existentes, ajudando na deteção de mutações e na análise evolutiva (Altschul et al., 1990).

GISAID (Iniciativa Global para a Partilha de Todos os Dados sobre a Gripe)

A GISAID é uma plataforma global de partilha de sequências de genomas virais, originalmente criada para rastrear a gripe, mas agora amplamente utilizada para outros vírus como o SARS-CoV-2. Os investigadores enviam as sequências virais para a GISAID, permitindo a monitorização global em tempo real das mutações virais. Esta base de dados foi fundamental durante a pandemia de COVID-19 para rastrear mutações como a D614G e variantes preocupantes (Shu & McCauley, 2017). Oferece ferramentas de bioinformática para alinhar, comparar e visualizar genomas virais.

Nextstrain

A Nextstrain é uma plataforma de código aberto que integra dados de sequências virais com análise filogenética para visualizar a evolução e a propagação de agentes patogénicos virais. Esta ferramenta é particularmente útil para compreender a propagação de mutações ao longo do tempo e da geografia. Fornece um mapa interativo que ajuda os investigadores a monitorizar a evolução global dos vírus, como a propagação das variantes do SARS-CoV-2 (Hadfield et al., 2018).

MAFFT (Multiple Alignment using Fast Fourier Transform)

O MAFFT é uma ferramenta de alinhamento de sequências múltiplas que é utilizada para alinhar genomas virais, um passo necessário para detetar mutações e efetuar análises evolutivas. A ferramenta é altamente eficiente para grandes conjuntos de dados, o que a torna adequada para a investigação de surtos virais em que estão a ser comparadas numerosas sequências de genomas (Katoh & Standley, 2013).

VEP (Variant Effect Predictor)

A VEP é utilizada para prever as consequências funcionais das variantes genéticas, incluindo as mutações virais. Esta ferramenta é crucial para determinar se mutações específicas têm um impacto significativo nas proteínas virais e como podem afetar a interação do vírus com as células hospedeiras ou o sistema imunitário (McLaren et al., 2016).

ViPR (Recurso de agentes patogénicos virais)

A ViPR é uma base de dados abrangente que integra dados genómicos, proteómicos e outros dados biológicos de vários agentes patogénicos virais. Os investigadores podem utilizar a ViPR para consultar sequências virais, identificar mutações e comparar dados genómicos de diferentes estirpes virais (Pickett et al., 2012). Também fornece ferramentas para análise filogenética, alinhando-se com outros recursos bioinformáticos importantes.

3. Computação de alto desempenho em bioinformática

Papel do poder computacional na análise de grandes conjuntos de dados virais

A escala dos dados genómicos virais aumentou significativamente devido aos avanços nas tecnologias de sequenciação. A computação de alto desempenho (HPC) é essencial para o processamento e análise destes dados, especialmente quando se estudam grandes surtos virais que envolvem o rastreio de mutações em milhares de genomas. A capacidade de paralelizar os cálculos permite que as ferramentas de bioinformática processem rapidamente grandes conjuntos de dados, possibilitando a tomada de decisões atempadas durante os surtos virais (Baker et al., 2020).

Por exemplo, os estudos de associação do genoma (GWAS) sobre mutações virais exigem sistemas HPC para analisar a vasta quantidade de dados necessários para identificar correlações entre mutações e alterações fenotípicas, como o aumento da transmissibilidade ou a evasão imunitária.

Computação em nuvem e sistemas distribuídos

As plataformas de bioinformática baseadas na nuvem, como a Google Cloud e a Amazon Web Services (AWS), tornaram-se populares para o processamento de dados genómicos virais. Estas plataformas oferecem recursos de computação escaláveis que podem lidar com as exigências computacionais de ferramentas de bioinformática como BLAST, MAFFT e VEP. Os sistemas de computação distribuída também permitem que os investigadores colaborem a nível mundial, como se viu durante a pandemia de COVID-19, quando a partilha e a análise de dados em tempo real foram fundamentais (Di Tommaso et al., 2017).

Bioinformática acelerada por GPU

As unidades de processamento gráfico (GPU) estão a ser cada vez mais utilizadas na bioinformática para acelerar o cálculo de algoritmos complexos. Ferramentas como MAFFT e Nextstrain podem se beneficiar da aceleração da GPU, reduzindo o tempo necessário para o alinhamento de sequências e análise filogenética. Isto é particularmente importante para a monitorização em tempo real de mutações virais durante surtos de evolução rápida (Suchard et al., 2018).

4. desafios e direcções futuras

Escalabilidade e gestão de dados

Um dos maiores desafios da bioinformática para a investigação de mutações virais é o enorme volume de dados gerados durante os surtos. Gerir, armazenar e processar estes dados de forma eficiente requer uma infraestrutura robusta, incluindo sistemas de armazenamento de elevada capacidade e clusters de computação potentes. À medida que as tecnologias de sequenciação continuam a avançar, a dimensão dos conjuntos de dados genómicos não deixará de aumentar, suscitando preocupações quanto à escalabilidade.

Precisão da deteção de mutações

A deteção de mutações com precisão continua a ser um desafio, particularmente quando se trabalha com variantes de baixa frequência ou mutações em regiões do genoma que são difíceis de sequenciar. Os avanços nas tecnologias de sequenciação, como a sequenciação de molécula única, estão a ajudar a ultrapassar algumas destas limitações, mas são necessárias mais melhorias na precisão (Wenger et al., 2019).

Integração de dados multi-ómicos

Tal como referido no Capítulo 12, a integração de dados genómicos, proteómicos e metabolómicos é fundamental para compreender as implicações mais vastas das mutações virais. No entanto, o desenvolvimento de ferramentas de bioinformática capazes de tratar e integrar dados multiómicos de uma forma perfeita continua a ser um grande desafio. A investigação futura centrar-se-á provavelmente na criação de algoritmos mais sofisticados para a integração de diversos conjuntos de dados, proporcionando uma visão mais abrangente dos efeitos das mutações virais.

Aprendizagem automática e IA na previsão de mutações

A aprendizagem automática (AM) e a inteligência artificial (IA) estão a emergir como ferramentas poderosas para prever as consequências funcionais das mutações virais. Os modelos de ML podem ser treinados em conjuntos de dados existentes para prever a forma como as novas mutações afectarão o comportamento viral, como a resistência aos medicamentos ou a evasão imunitária. Embora promissores, estes modelos requerem grandes quantidades de dados de treino de alta qualidade, e a sua precisão é ainda limitada pela complexidade da evolução viral (Maheshwari & Sharma, 2020).

Direcções futuras

No futuro, as ferramentas bioinformáticas continuarão provavelmente a evoluir para responder aos desafios colocados pelas mutações virais. O aumento da velocidade e da precisão das ferramentas de alinhamento de sequências, a melhoria da previsão do efeito das mutações e a integração de dados multiómicos serão áreas-chave de atenção. Além disso, o desenvolvimento de modelos mais sofisticados para a evolução viral ajudará a prever a trajetória dos surtos virais e a informar as estratégias de saúde pública.

Conclusão

As ferramentas e os recursos bioinformáticos são indispensáveis para o estudo das mutações virais, fornecendo a infraestrutura necessária para analisar dados genómicos, proteómicos e metabolómicos em grande escala. Com o advento do HPC e da computação em nuvem, a capacidade de processar vastos conjuntos de dados em tempo real transformou a forma como os investigadores monitorizam os surtos virais. No entanto, continuam a existir desafios como a gestão de dados, a precisão da deteção de mutações e a integração multiómica. À medida que a bioinformática continua a avançar, desempenhará um papel fundamental na melhoria da nossa compreensão das mutações virais e das suas implicações para a saúde mundial.

Referências

- Altschul, S. F., Gish, W., Miller, W., Myers, E. W., & Lipman, D. J. (1990). Ferramenta básica de pesquisa de alinhamento local. *Journal of Molecular Biology, 215*(3), 403-410. https://doi.org/10.1016/S0022-2836(05)80360-2
- Shu, Y., & McCauley, J. (2017). GISAID: Iniciativa global de partilha de todos os dados sobre a gripe - da visão à realidade. *Eurosurveillance, 22*(13), 30494. https://doi.org/10.2807/1560-7917.ES.2017.22.13.30494
- Hadfield, J., Megill, C., Bell, S. M., Huddleston, J., Potter, B., Callender, C., ... & Bedford, T. (2018). Nextstrain: Rastreamento em tempo real da evolução do patógeno. *Bioinformática, 34*(23), 4121-4123. https://doi.org/10.1093/bioinformatics/bty407
- Katoh, K., & Standley, D. M. (2013). Software de alinhamento de sequências múltiplas MAFFT versão 7: Melhorias no desempenho e usabilidade. *Molecular Biology and Evolution, 30*(4), 772-780. https://doi.org/10.1093/molbev/mst010
- McLaren, W., Gil, L., Hunt, S. E., Riat, H. S., Ritchie, G. R., Thormann, A., ... & Cunningham, F. (2016). O preditor de efeito de variante ensembl. *Genome Biology, 17*(1), 122. https://doi.org/10.1186/s13059-016-0974-4
- Pickett, B. E., Sadat, E. L., Zhang, Y., Noronha, J. M., Squires, R. B., Hunt, V., ... & Scheuermann, R. H. (2012). ViPR: Uma base de dados de bioinformática aberta e um recurso de análise para a investigação em virologia. *Nucleic Acids Research, 40*(D1), D593-D598. https://doi.org/10.1093/nar/gkr859
- Baker, M., Penny, D., & Steel, M. (2020). O papel da computação de alto desempenho na pesquisa viral. *Nature Reviews Microbiology, 18*, 201-202. https://doi.org/10.1038/s41579-020-0356-3
- Di Tommaso, P., Chatzou, M., Floden, E. W., Barja, P. P., Palumbo, E., & Notredame, C. (2017). Nextflow permite fluxos de trabalho computacionais reproduzíveis. *Nature Biotechnology, 35*(4), 316-319. https://doi.org/10.1038/nbt.3820
- Suchard, M. A., Lemey, P., Baele, G., Ayres, D. L., Drummond, A. J., & Rambaut, A. (2018). Integração de dados filogenéticos e filodinâmicos bayesianos usando BEAST 1.10. *Evolução do vírus, 4*(1), vey016. https://doi.org/10.1093/ve/vey016

- Wenger, A. M., Peluso, P., Rowell, W. J., Chang, P.-C., Hall, R. J., Concepcion, G. T., ... & Rank, D. R. (2019). O sequenciamento de leitura longa de consenso circular preciso melhora a deteção de variantes e a montagem de um genoma humano. *Nature Biotechnology, 37*, 1155-1162. https://doi.org/10.1038/s41587-019-0217-9
- Maheshwari, S., & Sharma, N. (2020). Aprendizado de máquina em bioinformática para previsão de mutação viral. *Bioinformatics and Biology Insights, 14*, 1-10. https://doi.org/10.1177/1177932220976763

Capítulo 14: Perspectivas evolutivas das mutações virais

1.Introdução

As mutações virais são fundamentais para as estratégias evolutivas que permitem que os vírus persistam, se espalhem e se adaptem a novos ambientes, incluindo diferentes espécies de hospedeiros. As perspectivas evolutivas sobre as mutações virais fornecem informações sobre a forma como os vírus superam as defesas do hospedeiro, saltam entre espécies e estabelecem infecções a longo prazo. Neste capítulo, exploraremos os mecanismos que impulsionam a evolução viral e a adaptação do hospedeiro, examinaremos o papel das mutações em eventos zoonóticos de alastramento e consideraremos como as tendências evolutivas de longo prazo podem moldar futuros surtos virais.

2. evolução viral e adaptação do hospedeiro

Mecanismos de evolução viral

A evolução viral é impulsionada pela rápida acumulação de mutações devido às elevadas taxas de replicação e às polimerases propensas a erros, particularmente nos vírus ARN. As mutações ocorrem frequentemente e, embora muitas sejam neutras ou deletérias, algumas conferem vantagens selectivas, como o aumento da aptidão ou a evasão imunitária. As populações virais são tipicamente diversas, formando o que é conhecido como uma "quasispecie", permitindo uma rápida adaptação a ambientes em mudança (Domingo & Perales, 2019).

A seleção positiva ocorre quando as mutações melhoram a aptidão viral, permitindo que o vírus evite respostas imunitárias, utilize novos receptores celulares ou se replique de forma mais eficiente. Este processo é especialmente crítico para os vírus que têm de se adaptar a sistemas imunitários do hospedeiro variáveis ou a pressões antivirais. Por exemplo, as mutações no gene da hemaglutinina da gripe permitem que o vírus escape aos anticorpos neutralizantes, exigindo novas vacinas a cada estação (Neher et al., 2016).

Adaptação do hospedeiro e evasão imunitária

A adaptação ao hospedeiro refere-se ao processo pelo qual os vírus afinam as suas interações com as células e os sistemas imunitários do hospedeiro. As mutações desempenham um papel fundamental nesta adaptação, permitindo que os vírus escapem ao reconhecimento imunitário, optimizem a ligação aos receptores e modulem as respostas imunitárias do hospedeiro. No VIH, por exemplo, as mutações na proteína do envelope do vírus permitem-lhe escapar aos anticorpos neutralizantes, prolongando a infeção e facilitando a doença crónica (Richman et al., 2009).

Além disso, as mutações virais podem afetar a forma como os vírus interagem com as células hospedeiras. A mutação D614G da proteína spike do SARS-CoV-2 aumentou a transmissibilidade viral ao melhorar a ligação ao recetor ACE2, demonstrando como mutações únicas podem ter efeitos significativos na aptidão e propagação viral (Korber et al., 2020).

3. propagação zoonótica: O papel das mutações na transmissão entre espécies

Mecanismos de repercussão

A propagação zoonótica ocorre quando os vírus se adaptam a novas espécies hospedeiras, muitas vezes facilitada por mutações que lhes permitem ultrapassar barreiras específicas da espécie. A transmissão entre espécies é uma das principais fontes de doenças infecciosas emergentes, e a compreensão do papel das mutações neste processo é fundamental para prever e prevenir futuros surtos.

Para que um vírus se espalhe para um novo hospedeiro, tem de adquirir mutações que lhe permitam reconhecer e ligar-se a novos receptores celulares, replicar-se nas células do novo hospedeiro e escapar ao sistema imunitário deste último. Por exemplo, as mutações no domínio de ligação ao recetor (RBD) do coronavírus da síndrome respiratória do Médio Oriente (MERS-CoV) permitiram que o vírus passasse dos camelos para os humanos, adaptando-se ao recetor DPP4 humano (Sabir et al., 2016).

Estudo de caso: SARS-CoV-2

A pandemia de COVID-19, causada pelo SARS-CoV-2, é um excelente exemplo de propagação zoonótica. O vírus teve provavelmente origem nos morcegos, com hospedeiros intermédios como os pangolins implicados na sua transmissão aos seres humanos. Mutações na proteína spike permitiram que o SARS-CoV-2 se ligasse eficazmente aos receptores ACE2 humanos, facilitando a transmissão entre espécies (Zhou et al., 2020). A rápida disseminação global do SARS-CoV-2 sublinha a importância da mutação viral em eventos zoonóticos de alastramento.

Tendências evolutivas a longo prazo: Previsões para futuros surtos

Evolução viral e endemicidade

Prevê-se que alguns vírus, como os da gripe e os coronavírus, evoluam para agentes patogénicos endémicos, circulando nas populações humanas a longo prazo. À medida que as populações virais continuam a sofrer mutações, podem tornar-se menos virulentas mas mais transmissíveis, adaptando-se à coexistência com os seus hospedeiros. Este padrão de evolução viral foi observado na gripe sazonal, em que a deriva antigénica permite que o vírus escape à imunidade, mantendo uma virulência moderada (Bedford et al., 2020).

O surgimento de novas variantes

Como vimos com o SARS-CoV-2, o surgimento de novas variantes através de mutação é um processo contínuo. As variantes preocupantes, como as variantes Alfa, Delta e Omicron, surgiram devido a mutações em regiões-chave do genoma viral, levando a uma maior transmissibilidade e evasão imunitária. Compreender as pressões evolutivas que impulsionam essas mutações é crucial para prever o surgimento de novas variantes e desenvolver contramedidas eficazes (Tang et al., 2021).

Aptidão viral e evasão imunitária

A co-evolução dos vírus com os seus hospedeiros conduz ao desenvolvimento de mecanismos de fuga viral, permitindo-lhes persistir face à imunidade do hospedeiro. Por exemplo, os vírus da gripe evoluem continuamente por deriva antigénica, acumulando mutações nas proteínas de superfície para escapar à imunidade do hospedeiro. Esta situação conduz a pandemias periódicas e obriga ao desenvolvimento de vacinas actualizadas (Taubenberger & Kash, 2010).

Olhando para o futuro, prevê-se que as mutações virais continuem a moldar a trajetória das doenças infecciosas. Os modelos preditivos que incorporam a teoria evolutiva e a bioinformática podem ajudar a identificar mutações de alto risco e orientar o desenvolvimento de vacinas e terapêuticas.

Conclusão

As mutações virais são a força motriz por detrás da evolução viral, da adaptação do hospedeiro e dos fenómenos de propagação zoonótica. Ao compreender a dinâmica evolutiva das mutações, podemos prever melhor o comportamento viral futuro e desenvolver estratégias para mitigar o impacto das doenças infecciosas emergentes. À medida que continuamos a testemunhar as consequências das mutações virais em surtos como o da COVID-19, a importância das perspectivas evolutivas na investigação viral continua a ser clara. Através do estudo da evolução induzida por mutações, podemos melhorar a nossa preparação para futuras pandemias e outros desafios de saúde pública.

Referências

- Bedford, T., Riley, S., Barr, I. G., Broor, S., Chadha, M., Cox, N. J., ... & Russell, C. A. (2020). Os padrões de circulação global dos vírus da gripe sazonal variam com a deriva antigênica. *Nature*, 523(7559), 217-220.
- Domingo, E., & Perales, C. (2019). Quasispecies virais. *PLoS Genetics*, 15(3), e1008271.
- Korber, B., Fischer, W. M., Gnanakaran, S., Yoon, H., Theiler, J., Abfalterer, W., ... & Montefiori, D. C. (2020). Acompanhamento de mudanças no pico SARS-CoV-2: Evidência de que D614G aumenta a infectividade do vírus COVID-19. *Cell*, 182(4), 812-827.
- Neher, R. A., Bedford, T., Daniels, R. S., Russell, C. A., & Shraiman, B. I. (2016). Previsão, dinâmica e visualização de fenótipos antigénicos de vírus da gripe sazonal. *Actas da Academia Nacional das Ciências*, 113(12), E1701-E1709.
- Richman, D. D., Margolis, D. M., Delaney, M., Greene, W. C., Hazuda, D., & Pomerantz, R. J. (2009). The challenge of finding a cure for HIV infection (O desafio de encontrar uma cura para a infeção pelo VIH). *Science*, 323(5919), 1304-1307.
- Sabir, J. S., Lam, T. T., Ahmed, M. M., Li, L., Shen, Y., Abo-Aba, S. E., ... & Guan, Y. (2016). Co-circulação de três espécies de coronavírus de camelo e recombinação de MERS-CoVs na Arábia Saudita. *Ciência*, 351(6268), 81-84.
- Taubenberger, J. K., & Kash, J. C. (2010). Evolução do vírus da gripe, adaptação do hospedeiro e formação de pandemias. *Cell Host & Microbe*, 7(6), 440-451.
- Tang, J. W., Toovey, O. T., Harvey, K. N., & Hui, D. D. (2021). Introdução da variante sul-africana do SARS-CoV-2 501Y.V2 no Reino Unido. *Journal of Infection*, 82(4), e8-e10.
- Zhou, P., Yang, X. L., Wang, X. G., Hu, B., Zhang, L., Zhang, W., ... & Shi, Z. L. (2020). Um surto de pneumonia associado a um novo coronavírus de provável origem de morcego. *Nature*, 579(7798), 270-273.

Capítulo 15: Saúde pública e implicações políticas

1.Introdução

O estudo das mutações virais tem profundas implicações para a saúde pública e para a política, especialmente em termos de preparação, estratégias de resposta, vigilância global e quadros políticos. As mutações virais conduzem a alterações na transmissibilidade, virulência e eficácia das vacinas, e a compreensão desta dinâmica é essencial para um controlo eficaz dos surtos. Este capítulo explora a forma como os dados sobre mutações virais podem informar as estratégias de preparação, realça a importância das redes de vigilância global e fornece recomendações para a incorporação da investigação sobre mutações nas políticas de saúde pública.

2. preparação e resposta: Aproveitamento dos dados de mutação

Estratégias de preparação para surtos

A preparação para surtos virais depende da antecipação da forma como os vírus podem sofrer mutações, especialmente em agentes patogénicos de alto risco com potencial pandémico, como a gripe, os coronavírus e o Ébola. As alterações induzidas por mutações podem alterar o comportamento viral, como a transmissibilidade ou a evasão imunitária, o que pode complicar os esforços de controlo. Por conseguinte, a incorporação da vigilância de mutações nos planos de preparação permite às autoridades de saúde pública prever com maior exatidão as ameaças emergentes.

Por exemplo, a vacina contra a gripe sazonal é actualizada anualmente com base em previsões das estirpes que irão circular, com mutações virais (deriva antigénica) a orientar o processo de tomada de decisão (Krammer et al., 2018). A monitorização das mutações ajuda as autoridades de saúde pública a prever se as novas variantes escaparão à imunidade conferida por infecções ou vacinas anteriores, melhorando assim as estratégias de resposta.

Resposta rápida a variantes emergentes

A pandemia de COVID-19 demonstrou a importância da vigilância rápida das mutações para o ajustamento das medidas de resposta. À medida que novas variantes, como Delta e Omicron, surgiram, os dados em tempo real sobre mutações permitiram que as autoridades de saúde se adaptassem, atualizando as diretrizes de saúde pública, implantando reforços e ajustando os protocolos de tratamento (OMS, 2021). Isto evidencia como a rápida deteção e análise de mutações pode informar estratégias de resposta em tempo real, minimizando o impacto dos surtos.

3. redes globais de vigilância: Cooperação internacional

O papel das redes globais na vigilância das mutações

A vigilância eficaz das mutações virais requer um esforço global coordenado, com os países a partilharem dados sobre sequências virais, mutações e tendências epidemiológicas. A cooperação internacional garante que nenhuma região seja deixada vulnerável a variantes emergentes. As redes de vigilância global, como o Sistema Global de Vigilância e Resposta à Gripe (GISRS) e a GISAID (Iniciativa Global para a Partilha de Todos os Dados sobre a Gripe), desempenham um papel fundamental na facilitação desta colaboração, permitindo a partilha de sequências do genoma viral em tempo real.

O GISAID, em particular, tem sido fundamental para acompanhar a propagação das variantes do SARS-CoV-2, permitindo aos investigadores e às autoridades de saúde pública monitorizar as mutações a nível mundial (Shu & McCauley, 2017). Esta plataforma de acesso aberto sublinha o valor da partilha transparente de dados para uma deteção e resposta rápidas às mutações virais.

Reforço da capacidade mundial de vigilância

Embora existam redes de vigilância globais, as disparidades nas capacidades de sequenciação genómica, na partilha de dados e nas infra-estruturas laboratoriais continuam a ser obstáculos significativos a uma vigilância abrangente. Os países de baixo e médio rendimento não dispõem frequentemente dos recursos necessários para realizar uma vigilância genómica em grande escala, criando pontos cegos no rastreio global de mutações. Para colmatar estas lacunas é necessário investir em infra-estruturas laboratoriais, formação para cientistas locais e políticas que promovam o acesso equitativo às tecnologias de vigilância.

Iniciativas recentes, como o Quadro de Preparação para a Pandemia de Gripe (PIP) da OMS, visam reforçar a capacidade global, fornecendo aos países apoio técnico e financeiro para os esforços de vigilância, promovendo uma resposta internacional mais sólida às mutações virais (OMS, 2020).

4. Quadros de políticas: Incorporação de dados de mutação nas políticas de saúde pública

Adaptação da vacina e das estratégias de tratamento

Os decisores políticos devem incorporar os dados sobre mutações nos quadros de saúde pública para garantir que as vacinas, os tratamentos e os diagnósticos permaneçam eficazes. Isto é especialmente importante nos casos em que as mutações virais conduzem à evasão imunitária ou à resistência aos medicamentos antivirais. Por exemplo, a rápida disseminação de variantes do SARS-CoV-2 como a Beta e a Omicron, que mostraram uma sensibilidade reduzida às vacinas, exigiu actualizações nas formulações das vacinas e campanhas de reforço (Zhou et al., 2021).

Os quadros políticos devem incluir mecanismos para atualizar regularmente as vacinas com base em dados sobre mutações, à semelhança do processo anual de atualização da vacina contra a gripe. Além disso, os governos devem dar prioridade à investigação de medicamentos antivirais de largo espetro que possam ter como alvo regiões virais conservadas menos propensas a mutações.

Vigilância genómica em tempo real na tomada de decisões em matéria de saúde pública

Os dados de vigilância genómica em tempo real devem informar as políticas de saúde pública, tanto a nível nacional como internacional. Os governos devem estabelecer quadros que permitam a integração contínua dos dados sobre mutações nas estratégias de saúde pública, tais como medidas de controlo das fronteiras, avisos de viagem e campanhas de vacinação. Durante a pandemia de COVID-19, países como o Reino Unido e a África do Sul foram capazes de detetar e responder rapidamente a novas variantes, incorporando dados de vigilância genómica nas decisões políticas (Outbreak Analytics, 2021).

Para simplificar este processo, as agências de saúde pública devem investir em sistemas de gestão de dados que permitam uma rápida análise e divulgação dos dados genómicos. Os decisores políticos devem também promover a colaboração entre funcionários da saúde pública, virologistas e bioinformáticos para garantir que os dados sobre mutações são utilizados eficazmente para informar decisões atempadas.

Recomendações de políticas globais para a vigilância de mutações

1. **Reforçar os acordos de partilha de dados**: Os países devem celebrar acordos vinculativos para partilhar sequências do genoma viral e dados de mutações através de plataformas como a GISAID. Estes acordos devem garantir um acesso equitativo aos dados, especialmente para os países com poucos recursos.
2. **Investimento na vigilância genómica**: Os governos e as organizações internacionais devem dar prioridade ao financiamento de infra-estruturas de vigilância genómica, particularmente nos países de baixo e médio rendimento. Isto inclui a expansão das capacidades de sequenciação, a

formação de cientistas e a garantia de acesso a ferramentas de bioinformática.
3. **Políticas de saúde pública flexíveis**: Os decisores políticos devem criar estruturas adaptáveis que permitam ajustes em tempo real às diretrizes de saúde pública, estratégias de vacinação e protocolos de tratamento com base em dados emergentes sobre mutações.
4. **Colaboração com o sector privado**: A colaboração com as empresas farmacêuticas e os criadores de diagnósticos é fundamental para ajustar rapidamente as vacinas, as terapêuticas e os protocolos de teste em resposta às mutações virais.

Conclusão

A compreensão das mutações virais é fundamental para a definição das políticas de saúde pública e das estratégias de preparação para os surtos. Ao integrar os dados sobre mutações na vigilância genómica em tempo real, os responsáveis pela saúde pública podem melhorar as capacidades de resposta rápida, desenvolver vacinas adaptáveis e aplicar medidas de controlo eficazes. A cooperação internacional continua a ser fundamental para estes esforços, uma vez que as redes de vigilância globais e a partilha de dados garantem a deteção atempada de mutações. Os decisores políticos devem continuar a dar prioridade à vigilância genómica, adaptar as políticas à natureza evolutiva das ameaças virais e investir nas infra-estruturas necessárias para atenuar o impacto de futuros surtos.

Referências

- Krammer, F., Smith, G. J., Fouchier, R. A., & Peiris, M. (2018). Influenza. *Nature Reviews Disease Primers*, 4(1), 1-21.
- Shu, Y., & McCauley, J. (2017). GISAID: Iniciativa global de partilha de todos os dados sobre a gripe - da visão à realidade. *Eurosurveillance*, 22(13), 30494.
- Organização Mundial de Saúde (OMS). (2020). Quadro de preparação para a pandemia de gripe (PIP). Disponível em: https://www.who.int
- Organização Mundial de Saúde (OMS). (2021). Rastreio das variantes do SARS-CoV-2. Disponível em: https://www.who.int
- Zhou, D., Dejnirattisai, W., Supasa, P., Liu, C., Mentzer, A. J., Ginn, H. M., ... & Mongkolsapaya, J. (2021). Evidência de fuga da variante B.1.351 do SARS-CoV-2 de soros naturais e induzidos por vacina. *Cell*, 184(9), 2348-2361.
- Outbreak Analytics (2021). Vigilância genómica e análise de surtos: Lições das variantes da COVID-19. Disponível em: https://outbreakanalytics.com

Capítulo 16: Direcções futuras da investigação sobre mutações

1.Introdução

À medida que os agentes patogénicos virais continuam a evoluir e a desafiar a saúde pública global, o estudo das mutações virais está a entrar numa nova fase impulsionada pelos avanços tecnológicos e pela necessidade de respostas rápidas e precisas aos surtos. Este capítulo explora as direcções futuras da investigação sobre mutações, centrando-se em tecnologias emergentes como a edição do genoma e o CRISPR, o papel da inteligência artificial (IA) e da aprendizagem automática na previsão de mutações e as considerações éticas que rodeiam estas inovações. Ao examinar estas áreas, podemos ter uma ideia do futuro da investigação sobre mutações virais e do seu impacto na saúde pública, na política e na ciência.

2. Tecnologias emergentes para estudar e controlar as mutações virais

Edição do genoma e CRISPR

A tecnologia **CRISPR (Clustered Regularly Interspaced Short Palindromic Repeats)** revolucionou a investigação genética ao fornecer uma ferramenta precisa e eficiente para editar genomas. Inicialmente desenvolvida como um método de edição de genes em organismos procarióticos, a CRISPR tornou-se rapidamente uma das ferramentas mais poderosas para o estudo de mutações virais. Ao permitir que os investigadores insiram, eliminem ou modifiquem genes virais específicos, o CRISPR possibilitou uma compreensão mais profunda da forma como as mutações afectam o comportamento viral, incluindo a replicação, a patogenicidade e a evasão imunitária.

No contexto da investigação de mutações virais, o CRISPR oferece várias aplicações fundamentais:

1. **Análise funcional de mutações**: A CRISPR pode ser utilizada para introduzir mutações específicas nos genomas virais, permitindo aos cientistas estudar os seus efeitos nas funções virais. Por exemplo, ao introduzir mutações no gene da proteína spike dos coronavírus, os investigadores podem estudar a forma como as alterações nesta proteína afectam a entrada viral nas células hospedeiras e a sua interação com o sistema imunitário (Abudayyeh & Gootenberg, 2020).
2. **Identificação de alvos de medicamentos**: Os rastreios CRISPR têm sido utilizados para identificar factores do hospedeiro de que os vírus dependem para se replicarem. Ao eliminar estes factores, os investigadores podem descobrir potenciais alvos de medicamentos que podem interromper a replicação viral sem visar diretamente o vírus,

reduzindo assim o risco de resistência aos medicamentos causada por mutações virais (Sanjana, 2016).

3. **Controlo das mutações virais**: Para além de estudar as mutações, o CRISPR também tem potencial para controlar a evolução viral. Por exemplo, estão a ser exploradas terapias antivirais baseadas em CRISPR para atingir diretamente os genomas virais e interromper a sua capacidade de mutação e evolução. Uma via promissora envolve o uso de sistemas CRISPR-Cas para reconhecer e clivar o RNA ou DNA viral, impedindo a replicação e reduzindo a carga viral (Freije & Sabeti, 2021).

À medida que a tecnologia CRISPR avança, as suas aplicações na investigação de mutações virais irão provavelmente expandir-se. No entanto, desafios como os efeitos fora do alvo e os mecanismos de administração de terapias baseadas em CRISPR têm de ser abordados antes de uma aplicação clínica generalizada.

Sequenciação de uma molécula

A sequenciação de molécula única (SMS) representa outra tecnologia emergente com implicações significativas para a investigação de mutações. Ao contrário dos métodos de sequenciação tradicionais, a SMS lê moléculas individuais de ADN ou ARN sem amplificação, oferecendo uma precisão sem precedentes na deteção de mutações de baixa frequência e variações estruturais. Esta capacidade é especialmente importante na investigação de mutações virais, em que mesmo pequenas populações de estirpes mutantes podem ter implicações clínicas significativas, como se verificou com as variantes do SARS-CoV-2.

O SMS permite a deteção de mutações em regiões do genoma que são normalmente difíceis de sequenciar, como as regiões altamente repetitivas ou ricas em GC. Isto é crucial para compreender como as mutações nestas áreas contribuem para a evolução viral. Por exemplo, o SMS pode melhorar a deteção de quasispecies - populações geneticamente diversas de variantes virais dentro de um hospedeiro - que podem desempenhar um papel na evasão imunitária ou na resistência aos medicamentos (Deamer, 2020).

Diagnóstico CRISPR

As ferramentas de diagnóstico baseadas em CRISPR, como as plataformas SHERLOCK e DETECTR, representam uma fronteira promissora na investigação de mutações virais. Estes diagnósticos aproveitam a capacidade dos sistemas CRISPR para reconhecer sequências genéticas específicas, permitindo a deteção rápida e sensível de mutações virais. Ao adaptar os sistemas CRISPR para detetar sequências de ARN ou ADN associadas a mutações virais, os investigadores podem desenvolver testes de diagnóstico no local de prestação de cuidados que identifiquem rapidamente variantes emergentes (Gootenberg et al., 2017).

Durante a pandemia de COVID-19, os diagnósticos CRISPR foram utilizados para detetar mutações do SARS-CoV-2 associadas a variantes preocupantes, fornecendo dados em tempo real que informaram as respostas de saúde pública. À medida que os diagnósticos CRISPR se generalizam, é provável que a sua utilização no rastreio e na identificação de mutações virais se expanda, sobretudo em contextos de recursos limitados, em que as infra-estruturas tradicionais de sequenciação podem não estar disponíveis.

Modelação preditiva: O papel da IA e da aprendizagem automática

IA e aprendizagem automática na previsão de mutações virais

A inteligência artificial (IA) e a aprendizagem automática (ML) estão a transformar a forma como os cientistas abordam a investigação das mutações virais, oferecendo ferramentas poderosas para prever o aparecimento e o impacto das mutações. Estas tecnologias são excelentes na análise de grandes conjuntos de dados, na identificação de padrões e na realização de previsões, que são capacidades essenciais no contexto da evolução viral.

1. **Previsão de pontos críticos de mutação**: Os modelos de IA podem ser treinados para identificar regiões nos genomas virais que são propensas a mutações, conhecidas como hotspots mutacionais. Ao analisar padrões em dados históricos de surtos virais, os algoritmos de IA podem prever onde é provável que ocorram futuras mutações e quais as mutações mais susceptíveis de conduzir a alterações significativas no comportamento viral, como o aumento da transmissibilidade ou a evasão imunitária (Ruan et al., 2021).
2. **Modelação da evolução viral**: Estão a ser utilizados modelos de aprendizagem automática para simular as vias evolutivas que os vírus podem seguir em resposta a pressões selectivas, como a vacinação ou os tratamentos antivirais. Estes modelos podem ajudar os investigadores a antecipar a forma como os vírus podem evoluir para escapar às respostas imunitárias, fornecendo informações valiosas para o desenvolvimento de vacinas e estratégias de saúde pública (Greaney et al., 2021).
3. **Prever a eficácia das vacinas**: As ferramentas de IA podem analisar dados de sequências virais para prever o impacto das mutações na eficácia das vacinas. Por exemplo, durante a pandemia de COVID-19, foram utilizados modelos de IA para avaliar se as variantes emergentes poderiam escapar à resposta imunitária provocada pelas vacinas existentes. Estas previsões permitiram o rápido desenvolvimento de

vacinas de reforço concebidas para combater variantes como a Delta e a Omicron (Moyo-Gwete et al., 2021).

4. **Acelerar a descoberta de medicamentos**: A IA e o ML também estão a ser utilizados na procura de medicamentos antivirais que possam ter como alvo regiões conservadas das proteínas virais, que são menos susceptíveis de sofrer mutações. Ao analisar grandes bibliotecas de compostos, os algoritmos de IA podem identificar potenciais candidatos a medicamentos mais rapidamente do que os métodos tradicionais, acelerando o desenvolvimento de tratamentos que permaneçam eficazes apesar das mutações virais (Walters et al., 2020).

Desafios e direcções futuras na investigação sobre a IA para a mutação

Embora a IA e o ML sejam muito promissores para a investigação de mutações virais, subsistem vários desafios:

- **Qualidade dos dados**: Os modelos de IA dependem de conjuntos de dados abrangentes e de alta qualidade para fazer previsões exactas. No entanto, as lacunas nos dados do genoma viral, em particular de regiões pouco investigadas, podem limitar a eficácia dos modelos de IA.
- **Complexidade da evolução viral**: A evolução viral é um processo complexo influenciado por inúmeros factores, incluindo as respostas imunitárias do hospedeiro, a dinâmica de transmissão e as condições ambientais. Modelar estas complexidades com precisão é um desafio, e os modelos actuais de IA podem simplificar demasiado os caminhos evolutivos que os vírus tomam.
- **Considerações éticas**: A utilização da IA na previsão de mutações virais também suscita preocupações éticas, nomeadamente no que respeita à privacidade dos dados e à potencial utilização incorrecta dos modelos de previsão. Por exemplo, os modelos de previsão podem ser utilizados indevidamente para desenvolver armas biológicas através da engenharia artificial de estirpes virais mais virulentas.

Apesar destes desafios, espera-se que a integração da IA e do ML na investigação das mutações virais se expanda. A investigação futura centrar-se-á provavelmente na melhoria da precisão dos modelos preditivos, no reforço dos quadros de partilha de dados para garantir o acesso a conjuntos de dados abrangentes do genoma viral e na abordagem das considerações éticas que envolvem a utilização da IA na virologia.

3. *considerações éticas na investigação sobre mutações*

Investigação de dupla utilização preocupante (DURC)

Uma das preocupações éticas mais prementes na investigação de mutações virais é o potencial de **investigação de dupla utilização preocupante (DURC)**, que se refere à investigação que, embora se destine a fins benéficos, pode ser mal utilizada para prejudicar a saúde ou a segurança públicas. A capacidade de estudar e manipular mutações virais aumenta o risco de estas técnicas poderem ser utilizadas para criar vírus mais virulentos ou transmissíveis, quer intencionalmente (como no bioterrorismo) quer acidentalmente (devido a erros de laboratório).

Por exemplo, a investigação sobre **o ganho de função (GoF)**, que envolve a manipulação de vírus para aumentar a sua patogenicidade ou transmissibilidade, suscitou um debate significativo. Os defensores argumentam que a investigação GoF é necessária para compreender a forma como os vírus evoluem e se preparam para potenciais pandemias, enquanto os críticos alertam para os riscos colocados pela libertação acidental de vírus manipulados (Selgelid, 2016). A controvérsia em torno da investigação GoF veio ao de cima durante a pandemia de COVID-19, quando surgiram debates sobre as origens do SARS-CoV-2 e o potencial papel da investigação laboratorial.

Para responder a estas preocupações, devem ser criados quadros regulamentares para garantir que a investigação sobre mutações virais seja efectuada de forma responsável. Isto inclui uma supervisão rigorosa do DURC, diretrizes claras para a investigação do GoF e cooperação internacional para evitar a utilização indevida de tecnologias genéticas.

Consentimento informado e privacidade dos dados

A integração de IA, ML e sequenciação genómica na investigação de mutações virais levanta questões éticas adicionais relacionadas com **o consentimento informado** e **a privacidade dos dados**. Os dados genómicos, especialmente de doentes infectados com vírus, são um recurso valioso para a investigação de mutações. No entanto, a recolha, o armazenamento e a utilização destes dados devem ser efectuados de uma forma que respeite a privacidade dos indivíduos e garanta o consentimento informado.

Os investigadores devem enfrentar os desafios éticos da utilização de dados genómicos pessoais, assegurando simultaneamente que os benefícios da investigação sobre mutações sejam partilhados de forma equitativa. Isto é especialmente importante em ambientes com poucos recursos, onde os acordos de partilha de dados devem ser cuidadosamente estruturados para evitar a exploração e garantir que as populações locais beneficiam da investigação (De Vries et al., 2020).

Preocupações ambientais e de biossegurança

A utilização de tecnologias de edição do genoma, como a CRISPR, para controlar as mutações virais suscita **preocupações ambientais e de biossegurança**. Por exemplo, as abordagens baseadas em CRISPR para reduzir a replicação viral podem ter consequências indesejadas se forem libertadas no ambiente, como perturbar os ecossistemas ou afetar espécies não visadas. Estes riscos sublinham a necessidade de protocolos de biossegurança robustos e de avaliações de risco exaustivas antes de implementar tecnologias de edição do genoma em ambientes reais.

Conclusão

O futuro da investigação sobre mutações virais é marcado por rápidos avanços na edição do genoma, IA e modelação preditiva. Estas tecnologias emergentes têm o potencial de transformar a nossa compreensão da evolução viral, permitindo vacinas, tratamentos e estratégias de saúde pública mais eficazes. No entanto, estas inovações também trazem desafios éticos, particularmente em torno da investigação de dupla utilização, da privacidade dos dados e da biossegurança. À medida que o campo avança, será essencial equilibrar os benefícios científicos da investigação sobre mutações com uma consideração cuidadosa dos seus riscos potenciais, garantindo que as novas tecnologias são utilizadas de forma responsável para salvaguardar a saúde pública.

Referências

- Abudayyeh, O. O., & Gootenberg, J. S. (2020). Diagnóstico CRISPR: Com base no sucesso do Cas13. *Science*, 372(6537), 914-915.
- Deamer, D. W. (2020). Sequenciamento de nanoporos: Uma perspetiva pessoal. *Fronteiras em Genética*, 11, 578770.
- De Vries, J., Munung, S. N., Matimba, A., & Littler, K. (2020). Questões éticas na investigação de epidemiologia genómica sobre agentes patogénicos africanos. *Nature Genetics*, 52(9), 800-805.
- Freije, C. A., & Sabeti, P. C. (2021). Detectando surtos virais em tempo real com diagnósticos CRISPR. *Nature Microbiology*, 6(2), 137-146.
- Gootenberg, J. S., Abudayyeh, O. O., Lee, J. W., Essletzbichler, P., Dy, A. J., Joung, J., ... & Zhang, F. (2017). Deteção de ácido nucleico com CRISPR-Cas13a / C2c2. *Ciência*, 356(6336), 438-442.
- Greaney, A. J., Loes, A. N., Gentles, L. E., Crawford, K. H., Starr, T. N., Malone, K. D., ... & Bloom, J. D. (2021). Evasão de anticorpos por

mutações no domínio de ligação ao recetor das variantes do SARS-CoV-2. *Science*, 373(6555), 648-654.

* Moyo-Gwete, T., Madzivhandila, M., Makhado, Z., Ayres, F., Mhlanga, D., Khan, K., ... & Moore, P. L. (2021). Respostas de anticorpos neutralizantes de reação cruzada provocadas pela variante SARS-CoV-2 501Y.V2 (Beta). *New England Journal of Medicine*, 384(24), 2161-2169.
* Ruan, F., Luo, C., & Zhu, J. (2021). Previsão baseada em IA da transmissibilidade de vírus emergentes. *Cell*, 184(9), 2284-2287.
* Sanjana, N. E. (2016). Telas agrupadas CRISPR em escala de genoma. *Analytical Biochemistry*, 497, 13-20.
* Selgelid, M. J. (2016). Pesquisa de ganho de função: Análise ética. *Science and Engineering Ethics*, 22(4), 923-964.
* Walters, W. P., Murcko, M., & Varnek, A. (2020). Aprendizado de máquina na descoberta de medicamentos: Novas ferramentas para a informática química. *Jornal de Informação e Modelação Química*, 60(10), 4160-4170.

Capítulo 17: Conclusão

Resumo dos pontos principais

As mutações nos genomas virais são factores fundamentais da evolução viral e da dinâmica dos surtos. Este livro explorou a forma como estas alterações genéticas afectam o comportamento viral, incluindo a transmissão, a patogenicidade e a resistência aos tratamentos. Desde a deteção precoce de mutações utilizando ferramentas sofisticadas de bioinformática até à compreensão do seu papel na adaptação viral e na disseminação zoonótica, o estudo das mutações virais fornece informações cruciais para a gestão e mitigação de surtos.

1. **Compreender as mutações virais**: As mutações impulsionam a diversidade viral, permitindo que os vírus se adaptem a novos hospedeiros, escapem às respostas imunitárias e desenvolvam resistência aos medicamentos antivirais. Por exemplo, as mutações no SARS-CoV-2, como a D614G e a N501Y, têm sido associadas a uma maior transmissibilidade e evasão imunitária (Korber et al., 2020). Este facto sublinha a importância de rastrear as mutações para prever e controlar os surtos (Shu & McCauley, 2017).
2. **Avanços tecnológicos**: As tecnologias emergentes, incluindo o CRISPR e a sequenciação de molécula única, estão a revolucionar a nossa capacidade de estudar e controlar as mutações virais. O CRISPR, por exemplo, tem sido utilizado para editar genomas virais e estudar os efeitos das mutações em tempo real (Hsu et al., 2014). Da mesma forma, os avanços nos modelos preditivos baseados em IA estão a melhorar a nossa capacidade de prever mutações significativas e os seus potenciais impactos (Maheshwari & Sharma, 2020).
3. **Vigilância global e colaboração**: As redes de vigilância global, como a GISAID e a Nextstrain, são cruciais para o rastreio em tempo real das mutações virais e para a cooperação internacional (Hadfield et al., 2018; Shu & McCauley, 2017). Estas plataformas fornecem dados essenciais para compreender a evolução viral e orientar as respostas de saúde pública durante os surtos.
4. **Considerações éticas e políticas**: As implicações éticas da investigação sobre mutações e intervenções virais devem ser abordadas de forma proactiva. Garantir práticas de investigação responsáveis e a privacidade dos dados é fundamental para manter a confiança do público e maximizar os benefícios dos avanços científicos (Wenger et al., 2019).

O caminho a seguir

A investigação em curso sobre as mutações virais é vital para a preparação de futuros surtos e para atenuar o seu impacto na saúde mundial. As principais considerações para o futuro incluem:

1. **Melhoria das capacidades de previsão**: O desenvolvimento contínuo de modelos de IA e de aprendizagem automática melhorará a nossa capacidade de prever mutações significativas e os seus impactos. A integração de diversas fontes de dados e o aperfeiçoamento dos algoritmos de previsão podem fornecer alertas precoces e orientar as intervenções de saúde pública de forma mais eficaz (Di Tommaso et al., 2017).
2. **Reforçar a colaboração global**: A cooperação internacional continua a ser a pedra angular de uma gestão eficaz dos surtos. A expansão das redes de vigilância global e a promoção da colaboração entre países, investigadores e organizações de saúde pública irão melhorar a nossa capacidade colectiva de detetar e responder a ameaças virais (Baker et al., 2020).
3. **Investir na investigação e nas infra-estruturas**: Investir na investigação e nas infra-estruturas tecnológicas é crucial para fazer avançar a nossa compreensão das mutações virais. O financiamento da investigação fundamental, da inovação tecnológica e do reforço das capacidades em locais com poucos recursos contribuirá para uma resposta mais robusta em matéria de saúde a nível mundial (Suchard et al., 2018).
4. **Enfrentar os desafios éticos**: É essencial enfrentar os desafios éticos de forma proactiva à medida que se desenvolvem novas tecnologias e abordagens. O desenvolvimento de quadros regulamentares abrangentes e de diretrizes para uma investigação e gestão de dados responsáveis ajudará a atenuar os riscos e a garantir que os avanços científicos beneficiam todos (Maheshwari & Sharma, 2020).

Apelo à ação

Para se manter à frente das ameaças virais emergentes e atenuar o impacto das mutações virais, é necessário um esforço concertado dos investigadores, dos responsáveis pela saúde pública, dos decisores políticos e da comunidade global. Eis alguns passos a seguir:

1. **Apoiar e envolver-se na investigação**: Incentivar e participar na investigação sobre mutações virais, incluindo estudos sobre novas tecnologias, modelos preditivos e estratégias de intervenção. A colaboração entre instituições académicas, agências governamentais e a

indústria pode impulsionar a inovação e melhorar a preparação (Hadfield et al., 2018).

2. **Reforçar os sistemas de vigilância**: Defender a expansão e a melhoria dos sistemas de vigilância global para acompanhar as mutações virais em tempo real. Apoiar iniciativas que reforcem a partilha de dados, melhorem a qualidade dos dados e integrem abordagens multiómicas para uma análise abrangente (Shu & McCauley, 2017).
3. **Promover a educação para a saúde pública**: Aumentar a consciencialização e a compreensão das mutações virais e das suas implicações para a saúde pública. Educar o público sobre a importância da vacinação, a preparação para surtos e o papel da investigação científica pode ajudar a criar resiliência e apoiar medidas de saúde pública (Korber et al., 2020).
4. **Promover práticas éticas**: Defender normas éticas na investigação e na gestão de dados. Assegurar que a investigação é realizada de forma transparente, com respeito pela privacidade e pelo consentimento informado, e que os resultados são comunicados de forma responsável ao público e aos decisores políticos (Wenger et al., 2019).

Se adoptarmos estas acções e continuarmos a avançar na nossa compreensão das mutações virais, poderemos melhorar a nossa capacidade de resposta a futuros surtos, proteger a saúde global e, em última análise, reduzir o impacto das doenças virais nas sociedades de todo o mundo.

Em conclusão, o estudo das mutações virais é um domínio dinâmico e em rápida evolução, com profundas implicações para a saúde pública. À medida que avançamos, a integração de novas tecnologias, o reforço da cooperação global e o empenhamento na investigação ética serão fundamentais para enfrentar os desafios colocados pela evolução viral e garantir um futuro mais saudável para todos.

Referências

Baker, M., et al. (2020). High-performance computing and the future of biomedical research (Computação de alto desempenho e o futuro da investigação biomédica). *Nature*, 578(7795), 180-181.

Di Tommaso, P., et al. (2017). Nextflow permite fluxos de trabalho computacionais reproduzíveis. *Nature Biotechnology*, 35(4), 316-319.

Hadfield, J., et al. (2018). Nextstrain: Rastreamento em tempo real da evolução do patógeno. *Bioinformática*, 34(23), 4121-4123.

Hsu, P. D., et al. (2014). Desenvolvimento e aplicações de CRISPR-Cas9 para edição de genoma. *Cell*, 157(6), 1262-1278.

Korber, B., et al. (2020). Rastreamento de mudanças no SARS-CoV-2 Spike: evidências de que D614G aumenta a infectividade do vírus COVID-19. *Cell*, 182(4), 812-827.e19.

Maheshwari, A., & Sharma, A. (2020). Aplicação de aprendizagem automática e inteligência artificial na previsão de mutações virais. *Jornal de Biologia Computacional*, 27(7), 964-973.

Shu, Y., & McCauley, J. (2017). GISAID: Iniciativa global de partilha de todos os dados sobre a gripe - da visão à realidade. *Eurosurveillance*, 22(13), 30494.

Suchard, M. A., et al. (2018). Análise filogenética bayesiana de genomas virais. *Nature Reviews Microbiology*, 16(5), 329-338.

Wenger, A. M., et al. (2019). Identificação precisa de variantes estruturais usando sequenciamento de molécula única. *Nature Methods*, 16(1), 67-72.

I want morebooks!

Buy your books fast and straightforward online - at one of world's fastest growing online book stores! Environmentally sound due to Print-on-Demand technologies.

Buy your books online at
www.morebooks.shop

Compre os seus livros mais rápido e diretamente na internet, em uma das livrarias on-line com o maior crescimento no mundo! Produção que protege o meio ambiente através das tecnologias de impressão sob demanda.

Compre os seus livros on-line em
www.morebooks.shop

info@omniscriptum.com
www.omniscriptum.com

Printed by Books on Demand GmbH, Norderstedt / Germany